KB234923

모야! 호야!
내게 와줘서 고마워

매일매일
사랑해

매일매일 사랑해

현아가 쓰고 찍었습니다

알비

모야!
호야!

어떻든
내게
와줘서
고맙다.

"불쌍한 소들아, 어서 나와서 나와 친구가 되어주라"
라는 말도 안 되는 가사에 말도 안 되는 멜로디를 붙여가며
흥얼거린 기억이 난다.
지금까지 살아오면서 가장 오랜 기간 머물렀던 '삼성당마을.'
그 마을 뒷산 앞엔 그리 깊지 않은 강이 있었고
그 강엔 작은 오리들이 살고 있었다.
그 건너편엔 소목장 '소아저씨네'가 있었다.
학교에 가지 않는 날이면 '소아저씨네' 놀러가
우리 안에 갇힌 소들과 소통할 기회를 엿보곤 했다.
그리고 소들에게 노래도 만들어 불러주었다.

그땐 '땅, 불, 바람, 물, 마음' 이 다섯 가지 힘이 모이면 캡틴플래닛이 나와 지구를 도와주는 스펙터클한 만화영화가 인기를 끌었다. 나는 각기 다른 힘 중 마음의 힘을 쓰는 캐릭터에 매료되었다. 마음의 힘을 쓰는 캐릭터는 동물과 소통하며 많은 정보를 얻어 지구를 도와주었는데 그때부터 나는 마음의 힘을 가진 캐릭터에 빙의해서 산 것 같다.

나는 보수적이고 동물을 좋아하지 않는 아빠의 반대에도 기회만 되면 갑작스럽게 동물을 집 안으로 들였다.

그러다 세월이 지난 뒤 모야를 만났다.

작고 하얀 모야를 만나면서 시작된 내 20대의 러브픽션서스펜스고양이물 스토리를 시작해볼까 한다.

contents

Prologue　006

모야, 호야를 소개합니다　012

01 모야를 혼낸다는 것　014

02 The Days Are Long
　 and Filled With Pain　016

03 사진 찍기 방해꾼 호야　018

04 만약　020

05 고양이 온도　022

06 3GO카페 길냥이, 김똥꾸　024

07 낭만 고양이 고양이 음악　027

08 고양이+사람=
　 We are the world?　030

09 돼냥이 모야　032

10 호야!
　 너 사회생활 좀 할 줄 안다!　034

11 '사랑'을 가르쳐준 고양이　040

12 병아리의 추억　041

13 내가 싫어하는 모야의 행동…　042

14 1석2조 BGM+책=여행　044

15 우다다다다다다　045

16 모야의 눈　046

17 발소리　047

18 너를 처음 만난 날　048

19 지인의 웃지 못할
　 고양이 이야기　050

20 스타제국 오디션　051

21 여자는 다리가 예뻐야 한다　053

22 남다른 생일　054

23 내 친구 사막여우　061

24 눈치 대작전　063

25 시간을 달리는 모야　066

26 Love　068

27 'Wild'한 고양이　069

28 엄마 1　070

29 엄마 2 070

30 엄마 3 071

31 고양이의 배꼽시계 073

32 사춘기 호야 074

33 22살의 해프닝 076

34 아·육·대 078

35 아빠 080

36 아빠 vs 모야+현아 1 081

37 아빠 vs 모야+현아 2 082

38 내 생에 첫 탁묘, '또리' 083

39 묻지도 따지지도 말고 086

40 시간을 멈추는
초능력이 생길까? 089

41 하고 싶은 것 092

42 커피숍에서 093

43 인생 공부 094

44 혼자 산다는 것?
아니 셋이 산다는 것! 097

45 병원 가기 098

46 모야의 식탐 099

47 주저리주저리 103

48 Hug me 104

49 고양이의 트라우마 105

50 사회부적응 '묘' 106

51 미안, 넌 줄 알았어 111

52 식물사랑 모야 113

53 외사랑 116

54 꽃 117

55 심장 소리 119

56 고양이 꼬리 120

57 고양이 사냥꾼 121

58 유혹 122

contents

59 좋아하는 음악이 있다　126

60 창이 있다는 것　128

61 오감만족 고양이　132

62 한강 달리기　136

63 어느 팬의 멘션　138

64 보컬 선생님과 토론　140

65 고양이 책　142

66 털 봐, 털!　147

67 모야라는 이름　149

68 텔레비전 보는 고양이　150

69 까꿍이와 나비　152

70 주민 신고　154

71 너만 배부르다면　160

72 태국의 길고양이,
아니 낭만 고양이　163

73 네 아지트는 더는 너를　164

74 고양이님과 집사의 외출　167

75 쥐포 주세요　168

76 화장실까지　169

77 너는 또 누구니?　170

78 유연하기로는 네가 최고　171

79 대뜸 그렇게 쳐다보면　173

80 저게 뭐죠. 찹쌀떡인가요?　174

81 고양이 셀피　178

82 귀여움에도 정도가 있다던데　179

83 모야가 아픈 걸 아는지　181

84 발끝에 선 고양이　182

85 네가 무슨 생각을 하는지
가끔 궁금해　184

86 다이어트엔 닭가슴살　186

87 관음증 고양이　190

88 끈 사랑　191

89 퇴원 후 모야　192

90 호야의 집중력 발산　194

91 마중	195	108 모야 혈액검사 결과	225
92 똥	196	109 혈액검사 3차 이후	226
93 형제	198	110 모야 퇴원	227
94 When I sleep with cats	199	111 날씬해진 모야	228
95 별	201	112 모야 약 먹이기	230
96 팬이 만들어준 호야짤	202	113 최대한 평소처럼	232
97 쿨냥이	203	114 AM I LOSING U	233
98 또 다른 새	204	115 귀가할 때면	234
99 내 동생 승재 이야기	209	116 아빠의 위로	235
100 제일 예쁜 고양이 호야	211	117 Whatever	240
101 아프지 마, 제발	212	118 충전	241
102 모야 입원한 지 하루	214	119 모야의 하루	244
103 입원 3일째	215	120 관심유발자	250
104 모야에게 해주고 싶은 말	216	121 호야의 수법	257
105 이것 또한 지나가리라	217	122 필리핀 식당에서	259
106 실컷 봐	220		
107 역시 엄마는	224	Epilogue	264

모야, 호야를 소개합니다

모야

내 눈엔 보기 딱 좋게 통통해서 귀여운 고양이.
남들은 자꾸 돼냥이라고 놀림.
아픈 뒤 살이 빠지면서 미모가 드러나 이제 아무도 놀리지 못함.
사회성 제로.
전생에 공주로 받들어 모셔진 시절이 있어 보임.

호야

세상에서 제일 말 많은 고양이.
잠원역에 버려졌던 아이.
She's from street.
호기심 200퍼센트, 다양한 표정의 소유자.
늘 나를 지켜보는 고양이.

모야를 혼낸다는 것

촬영하고 나면 소금에 절인 배추처럼 온몸에 힘이 쭉 빠진다.

막 혼자 살기 시작한 집에 발을 들여놓는 순간,

후다닥 누군가 도망치는 소리가 들리고 집 안 공기가 수상하다.

'뭐지?' 숨죽이고 방으로 들어선다.

OH, MY GOD!

내 시야에 들어온 충격적인 사건 현장. 화장품으로는 처음 선물받아 아끼고 아끼는 안나수이 파우더가 방바닥에 던져진 것이 아닌가.

여자들은 알 것이다. 그냥 콤팩트가 깨졌을 때보다 가루파우더가 깨졌을 때 상황이 더 어렵다는 것을.

침대 밑에 숨어 있는 모야를 잡아채 오늘 하루 참아왔던 힘듦을 다 토하듯 울며불며 한바탕 난리를 쳤다. '저런 못된 짓을 하면 다시는 용서하지 않을 테다'라는 것을 모야에게 강력히 표현하였다.

그날 이후 모야는 한참 나에게 다가오지 않았다. 집에 와도 반겨주지 않고 침대 밑에 웅크리고 앉아 나를 무한대로 째려보기 일쑤였다. 안아주려고 하면 내가 그때 모야에게 소리 질렀던 것의 몇 배를 되돌려주기도 했다.

나는 3분을 혼내고 3주간 미안하다고 빌며 모야에게 온갖 간식과 새로운 사료로 아부 아닌 아부도 떨었다.

시간이 지나 우리는 다시 원활한 수직관계(?)가 되었다. 이제는 혼을 내도 혼내는 게 아니라는 것쯤은 잘 알기에 어떠한 사고를 쳐도 묵묵히 뒤처리를 해준다.

나는 모야의 눈치를 보며 그냥 같이 사는 인간일 뿐이니까.

하! 뭐가 좋다고 같이 살까, 정말.

이른 아침 눈을 뜨니 비가 추적추적 내리고 있다.

빗소리가 왜 이렇게 무겁게 들릴까?

고개를 돌리니 모야가 그르렁거리며 자고 있다.

억지로 몸을 일으켜 침대에서 힘들게 나를 떼어내고 습관적으로

음악을 틀어놓는다.

막시밀리언 해커의 The days are long and filled with pain이 흐른다.

침대 끝에 앉아 잠시 생각에 빠진다. 우리…. 잘되겠지?

딱히 진행되는 일은 없지만 다른 가수들에게 뒤처지지 않으려면,

연습밖에 살길이 없다.

다 알고 있지만, 그날만큼은 마음 가는 대로 한 것 같다.

매니저에게 전화를 걸었다.

"오빠, 정말 미안한데….

나 오늘 회사 못 가. 미안해, 오빠."

비와 음악 그리고 옆에 있는 모야 때문에 회사를 땡땡이쳤다.

그리고 음악과 빗소리를 들으며 모야를 끌어안고

한바탕 펑펑 울어젖혔다.

모든 걸 이겨내야 하는데 내 삶의 연료가 바닥난 상태였나 보다.

궁상맞게 울고 대책 없이 자고 나니 조금이나마 새로운 연료가

채워져 있었다.

이렇게 처음 회사를 땡땡이친 것을 고백한다.

2012년의 어느 날.

02

The Days Are Long and Filled With Pain

사진 찍기 방해꾼 호야

모야 모습을 사진으로 담고자 할 때면 어김없이 나타나는 호야.
호야 때문에 사진이 엉망이 됐다.
얼굴 빼꼼이 들이밀 때 정말 귀여운 거 알아줄 사람 없나….
이 귀여운 방해꾼.

그렇다, 의도치 않게 또 호야가 나왔다.
이번엔 표정까지 정색한다.
들이대는 쪽으로 고양이계의 최고봉이다.

04

만약

난방이라곤 되지 않는 서늘한 집.

전기장판을 깔고 늦은 새벽잠을 청한다.

얼마나 지났을까? 굉음과 함께 정신 사나운 소리에 잠이 깨버렸다.

밖에선 사람들의 시끄러운 소리가 들리고, 그 속에 다급함이 묻어있다.

'사이렌 소리'와 함께 "전쟁이 났으니 빨리 대피하시기 바랍니다."라는

확성기 방송이 들린다.

드라마 같은 그 순간, 어떤 정신으로 가방을 쌌는지 모르겠다.

이럴 땐 금이나 보물들을 가방 맨 밑에 넣으라 그랬던 것 같은데,

난 금이 없으니 몇 가지 옷과 신발, 돈 몇 푼을 챙기고

가방이 알 수 없는 물건으로 가득 찰 때쯤.

침대구석에 숨어 벌벌 떨고 있는 모야의 눈과 마주쳤다.

아! 모야..

모야를 데려가야 하는데.. 하며 꿈에서 깼다.

이 날 이후 몇 명의 친구를 붙잡고 정말 전쟁이 나면 어떻게 하나?

'무게도 상당한 모야를 어쩌란 말이냐'며

한 달을 혼자만의 고민에 빠졌던 것 같다.

고양이의 습성상 자기 영역에서 벗어나면 스트레스를 엄청나게 받는다.

강아지야 같이 걸으며 피난을 가면 되겠지만

고양이는 데리고 가기도 그렇고,

꼭 살아남길 바라며 남겨두기도 어려운 일이다.

결국 나는 모야를 넣고 다닐 수 있는 백팩을 꼭 사겠노라 다짐하며

고민에서 빠져나올 수 있었다.

고양이 온도

05

토실토실한 모야가 품에서 자고 있을 때

나보다 템포가 조금 빠른 숨소리.

작은 콧구멍에서 나오는 생각보다 세찬 콧바람.

가끔 신생아가 하는 것 같은 쩝쩝거림.

살짝 느껴지는 무게감은 붕 떠 있던 마음을 차분하게 해준다.

갸르릉. 고양이가 내는 소리는 또 다른 세계로 인도해주는 것 같다.

모야가 내게 안겨 있는 이 순간이 언제 사라질지 몰라 불안하다.

휙 하고 갑자기 가버리진 않을까 긴장한다.

지금이 세상에서 제일 긴 시간이 되기를 바라본다.

같이 호흡하고 같이 시간을 즐기고 있지만,

어느 순간 품에서 휙 뛰어내려 우리가 언제 순간을 공유했느냐는 듯

뒤도 돌아보지 않고 또 다른 자기 자리를 찾아간다.

고양이들은 언제나 이런 식이다.

아직 남아 있는 모야의 온기가 아쉽다.

고양이가 주는 무게감. 고양이가 주는 온기.

늘 아쉬운 나만의 힐링 방법.

3GO카페 길냥이, 김뚱꾸

활동하는 기간에는 연이은 스케줄에 허덕이곤 한다.
스케줄에 허덕이다가도 잠시 짬이 나면 회사 앞 3GO카페에 간다.
왜 3GO냐면 고씨 3남매라서 쓰리 '고.'
'원고! 투고! 쓰리고!'라고 카페 사장님이 설명해주셨다.
사장님의 집시 같은 마음에 이끌려
그곳에서 잠시 쉬고 있으면 숨통이 트이는 것 같다.

3GO엔 길냥이 김똥꾸가 있다.

똥꾸는 길거리나 어슬렁거리며 옆 동네 길냥이랑 싸운다든가

애인을 3GO카페 앞으로 데리고 온다든가 하는 고양이다.

배고프면 3GO에서 제공하는 사료를 먹고, 물을 마시고,

테이블 위에서 햇빛 맞으며 쉬다가 또 동네 순찰하러 나간다.

부럽다. 무지 부럽다.

그 순간만큼은 세상 여유로움을 똥꾸가 다 가져간 듯하다.

낭만 고양이
고양이 음악

음악 + 고양이.

참 잘 어울려.

살랑살랑, 봄이랑 잘 어울리는 것처럼.

체리필터 - 낭만 고양이

이상하게 고양이를 주제로 한 노래가 참 많다.

그리고 참 잘 어울린다.

아무도 낭만 강아지라고 하지는 않는다!

고양이 + 사람 = We are the world?

서로 다른 생명체가 만나서 듣기 좋은 리듬을 만들어내기까지
우리는 늘 불협화음을 냈다.
사고 치기 바쁘고 소리 지르기 바빴으니.
모야와는 8년, 호야와는 2년.
서로에게 물드는 시간도 많이 걸리고 어렵기도 하지만,
반드시 거쳐야 하는 과정이다.

서투른 사회생활도 마찬가지 아닐까?
서로 다른 환경에서 다른 인성으로 자란 우리가 한데 모여
며칠 만에, 몇 달 만에, 또는 몇 년 안에까지도 하나의 호흡으로
가야 한다는 것은 이기적이고 급한 마음에서 비롯되는 욕심 아닐까…?

관계 속에서 일어나는 문제들에 지쳐 있을 때쯤이면
모야를 보며 되새기곤 한다.
그래. 8년을 매일 같이 붙어 있는 너와도 어디 가서 잘 통한다고
말하지 못하기에, 사람과 사람 사이에 말로 해결되지 않는 일이
수도 없이 많기에,
너를 보며 위안하고 배워가며 또 하루를 넘어간다.

09

돼냥이 모야

모야를 그렇게 키운 적이 없는 것 같은데,

어느 날부턴가 살집이 상당함을 자랑하는 모야.

'나 먹고사느라 바빠 내 살만 신경 쓰고 네 살 관리를 못해줬구나.'

오랜만에 컴백('DOLLS')하느라 모든 것이 예민해져 있던 2013년.

그중 제일은 뱃살! 옆구리 살! 팔 살!

명색이 모델 돌인데 불필요한 살은 용서가 안 된다.

고등학교 때까지는 심하게 살이 찌는 편이 아니었으나

언제부턴가(아마 술과 친해진 후부터인 듯하다) 관리하지 않으면

화면에서 상당한 체구를 자랑하는 나.

먹고 싶은 거 참고 쫄깃한 버블티도 참아야 했다.

다행히 컴백한 뒤 몰아치는 스케줄에 살은 빠졌으나

볼품없게 얼굴 살까지 쪽 빠져버렸다.

그래, 나는 나대로 사느라 이래저래 살을 뺐는데 넌 어떻게 하니?

"언제 이렇게 됐어?"

밥도, 간식도 제대로 못 줬는데.

10

호야! 너 사회생활 좀 할 줄 안다!

현관문을 열기 무섭게 반갑다고 야옹야옹,

샤워하고 나오면 거기서 뭐 했느냐고 야옹야옹,

맘마 시간이 지나면 또 와서 야옹야옹.

하루 일과를 마치고 집에 오는 나를 누구보다도 열정적으로

비비적비비적하는 몸짓과 우렁찬 소리로 반겨주는 호야.

털이 좀 빠지면 어때.

고양이 치고 말이 좀 많으면 어때.

맛동산을 많이 만들어놓으면 어때.

가끔 휴지를 다 뜯어놓아도 괜찮아.

나를 이렇게 반겨주는데.

살아 있는 생명체 중 나의 귀가를 제일 기뻐하는 호야.

※ 고양이 똥을 '맛동산'이라고도 한다. 똥 모양이 과자 맛동산을 닮아
　 집사들이 고양이 똥을 미화해서 하는 말이다.

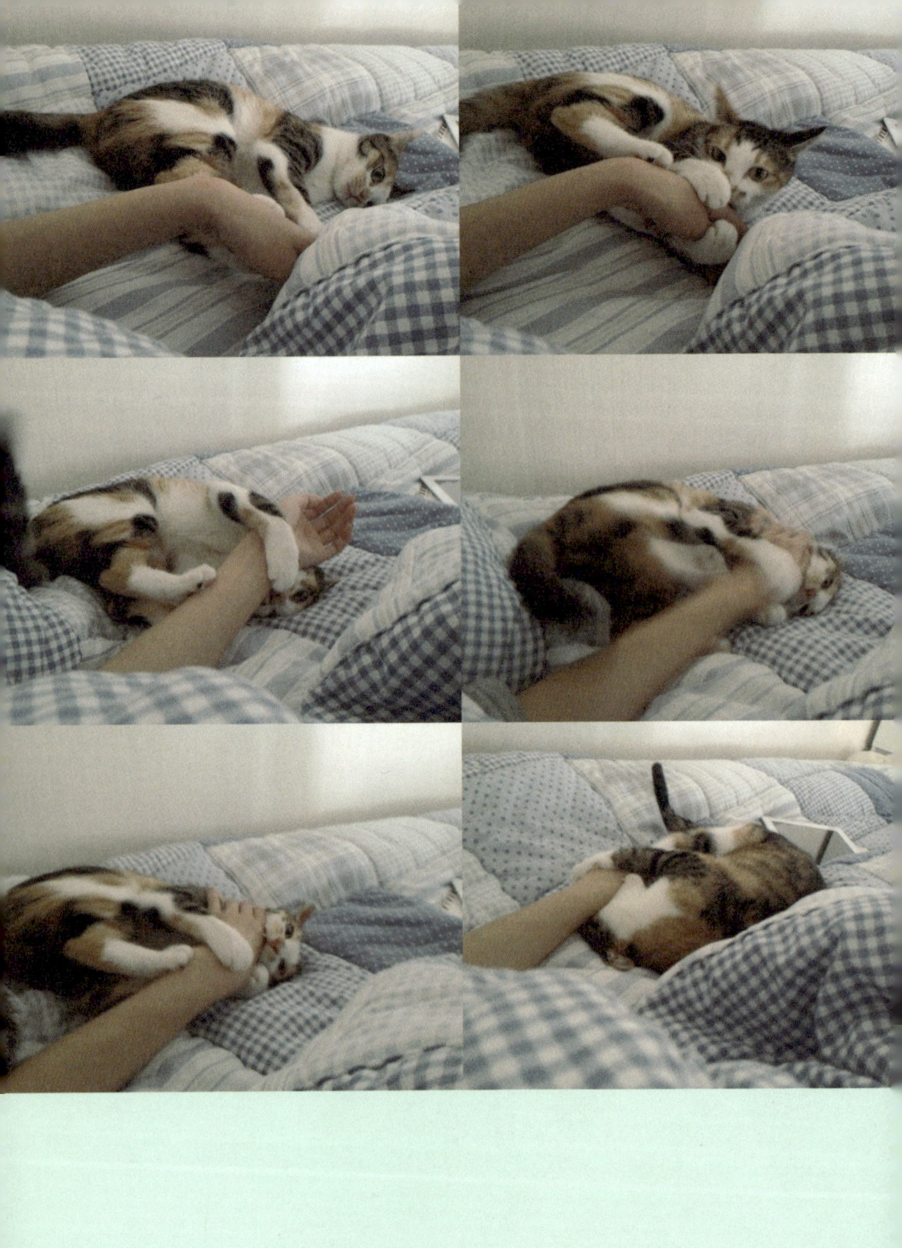

혼자 하이텐션이 되었을 땐 아무도 말리지 못한다!

'사랑'을 가르쳐준 고양이

모야와 호야를 키우면서 배운 것 중 하나는
사랑을 조금씩이나마 표현할 줄 알게 되었다는 것.
매일 "사랑해 모야, 사랑해 호야"라고 말하면서
부모님께 감사하는 마음을 표현하기 시작했고,
멤버들과 가끔 술잔을 기울이다 보면
어느새 한 잔, 두 잔에 사랑이 쌓여
사랑의 화합하는 장으로 끝날 때가 많다.
사랑을 준다는 개념이 부족했던 시기가 불행했던 건 아니지만
지금이 더 '행복'한 건 확실하다.

병아리의 추억

어렸을 적 어린이날 즈음이면 학교 앞에 늘 나타나시던 병아리 아줌마.

그냥 지나치지 못하고 엄마, 아빠에게 서프라이즈로

병아리를 들고 간 적이 있다.

병아리라는 존재를 처음으로 가까이 접하니

그 좋던 달걀프라이가 싫어질 정도로 노란 병아리는 작고 신기했다.

왜 작고 예쁜 것들은 말로 설명할 수 없는 소중한 느낌이 들까?

아주 작은 날개, 차가운 부리와 다리, 똘망똘망한 눈.

나를 어미 닭으로 착각하고 가는 곳마다 따라다니던 병아리.

작은 병아리가 크고 난 뒤에는 아빠가 만들어놓은 마당 울타리 안에서

키우게 되었다.

울타리 안에 갇힌 병아리의 답답함을 풀어주려고

울타리 문을 열어주기도 했는데

똑똑하게도 병아리는 어두워지기 전에 돌아왔다.

늦은 시간까지 병아리가 들어오지 않는 날이면 온 동네 사람들이 현아네

병아리를 찾아 말 그대로 동네방네 '병아리 찾아 삼만리'를 했다.

지금은 굳이 키우지 않는 병아리.

어렸을 적 호기심이 아니었다면 가까이서 볼 일이 없었을 병아리.

그때 조금 더 봐두고 조금 더 눈에 담아둘걸.

 13

내가 싫어하는 모야의 행동…

휴대전화 충전기 씹어놓기.

화장대에 있는 것 바닥에 떨어뜨려놓기.

키우는 식물 뜯어 먹기.

사람이 쓰는 물컵에 발 담그고 물 찍어 먹기.

그리고 음….

나쁜 버릇을 나열해보려고 했으나 생각하다보니 귀여워지고 말았다.

충전기를 씹어놓는 것도 이빨이 아직은 튼튼하구나 싶어 귀엽고

화장대에 있는 것 떨어뜨릴 때 발을 사용하는 게 귀엽고

키우는 식물을 뜯어 먹는 걸 보니 자연을 사랑하나 싶어 귀엽고

사람이 쓰는 물컵에 어떻게 발을 넣을 생각을 했나 기특해서 귀엽고

하! 내 눈에 씐 뭔가가 8년째 벗겨지지 않고 있어….

귀여움을 얼마나 먹은 거야.

1석2조
BGM + 책 = 여행

여행 책을 읽다 보면 저자들이 한두 곡씩 추천하는 음악이 있다.
추천한 음악을 찾아 책과 같이 즐기는 것이 '나만의 책 읽기' 노하우다.
그 책에 더 푹 빠져보기 위해.

세계여행을 주제로 한 《러브 앤 프리》의 저자 '다카하시 아유무'는
'존 레논'을 참 좋아하나 보다.
책 속 음악을 전부 구해 오디오로 틀어놓고
책 속으로 여행할 준비를 해본다.
책도 재미있게 보고 전설적인 음악가와도 한층 더 가까워진 느낌?
음악, 책, 상상력 삼박자가 고루 갖추어져 책 읽는 느낌이 풍성해진다.

그래서 내가 지금 추천하는 음악은?
캐스커의 '고양이 편지'

우다다다다다다

꼭꼭 숨어라. 꼬리 보일라.

처음 모야를 키우면서 당황스러웠던 행동은

오밤중에 광기 서린 눈빛으로 달려대는 것이었다.

침대 위로 점프해 자는 내 머리를 발로 차고 간다거나,

저 멀리서부터 나를 표적으로 삼아 달려와 겁을 준다거나(물론 하나도 겁먹

을 게 없지만) 낮잠 자면서 축적한 에너지를 그 순간 다 써버리겠다는

굳은 의지가 담긴 눈빛. 보는 나로서는 당황스럽지만

모야는 엄청나게 재미를 느끼는 모양이다.

그래서 나도 가끔 그 눈빛에 동화되어 고양이로 빙의해본다.

벽 뒤에 숨어 있다 튀어나와 모야와 호야를 놀라게 하고,

요란스럽게 뛰어가 의자 뒤에 숨어서

그들의 당황스러워하는 눈빛을 염탐해본다.

그렇게 자아를 잊은 채 한두 번 놀고 나면 지금 뭐 하는 건가 싶어질 때가

있다. 그들의 우다다다 놀이. 사람도 끌어당기는 묘한 매력이 있다.

지금은 그 놀이가 유치하게 느껴지는지 누구도 먼저 시작하지 않는다.

모
야
의
눈

많은 고양이의 눈을 봤지만 모야의 눈은 특히 깊다.

물론 내 느낌일 수도 있지만,

영화 〈맨 인 블랙〉에서 고양이 목에 달린 방울 속에 우주가 있듯이

모야 눈 속에도 우주가 있다.

17

발
소
리

모야와 호야가 장난치며 뛰어다닐 때.

적당한 무게가 느껴지는 모야의 발소리와 솜털같이 가벼운 호야의 발소리.

우당탕도 아니고 우두두도 아니고 둘이서만 만드는 박자.

발끝에서 나는 따뜻한 소리가 참 좋다.

18

너를 처음 만난 날

우연인지 운명인지 우리가 만난 그날, 10월 20일은 가을날치고 꽤 추웠지.

잠원역에 버려진 너와의 예기치 않은 첫 만남.

그렇게 넌 나에게 왔어.

숍 근처 동물병원에서 강아지를 보며 시간을 때우고 있는데

2층에서 들려오는 아기고양이 울음소리.

호야는 작은 체구에서 엄청 큰 울음소리를 냈던 것 같다.

면역력이 약해 왼쪽 겨드랑이에는 곰팡이 균이 있었고,

털도 한 움큼 빠져 있었고, 눈은 결막염에 걸려 있었다.

아파서인지 호야는 항상 내 주위에 머물렀고

잘 때는 꼭 내 어깨 근처에 와서 자곤 했다.

호야의 호흡을 느끼며 잘 수 있었다.

어떻게든 와줘서 고맙다.

지인의 웃지 못할 고양이 이야기

스파이키라는 고양이가 있다. 지인이 키우는 수컷 고양이(알고 보니 대대로 이어져오는 트러블메이커의 후손이었다). 스파이키 집사의 고민은 고양이가 자꾸 침대에 소변을 본다는 것!

몇 번 혼내기도 하고 화장실에 몇 시간 가두는 벌까지 줬지만 버릇이 고쳐지지 않는단다. 스파이키는 이불, 베개, 매트를 한 번에 적시는 어려운 방법도 알고 있단다. 매트리스 한쪽 면이 스파이키가 만든 지도로 꽉 차면 뒤집어서 새롭게 시작해보자 했지만 소용없었나 보다.

결국, 집사는 침대를 포기하고 바닥에서 몇 년 생활하다가 잠자리가 불편해 할 수 없이 거금을 들여 비싼 매트리스를 장만했다고….

※ 고양이가 사람이 자는 이불에 실례한다는 것은 지금 뭔가가 불만스러우니 당장 알아내서 수정하라는 신호라고 한다. 그들의 생각을 주의 깊게 읽어보길 바란다.

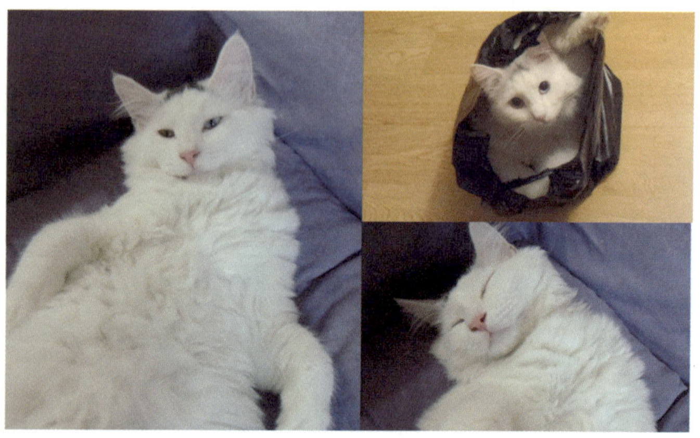

스타제국 오디션

"모야, 언니 오늘 잘하고 올게. 파이팅!"

평소와는 다른 인사. '다녀올게'가 아닌 '잘하고 올게.'

지하철 2호선에 몸을 싣자마자 이어폰을 귀에 꽂고 안무를 되새겨본다.

합정역에 도착해 화장실에서 잠깐 안무를 맞춰보고 거울을 보며 매무시를
가다듬는다.

그때 오디션을 봤던 춤은 애프터스쿨 선배님들의 '플래시백.'

오디션을 어렵게 준비했는데 다행히 내 노력을 알아봐주셨는지

나는 '나인뮤지스'의 멤버가 될 수 있었다.

여자는 다리가 예뻐야 한다

나에게 유난히 다리에 대해 잔소리를 많이 하신 우리 아빠 이야기다.

우리 집안은 내가 어렸을 때부터 딸자식의 다리 생김새에 관심이 많았다. 엄마, 아빠는 물론이고 할머니와 할아버지까지 돌아가면서 내 다리를 마사지해주셨다.

'여자는 다리가 예뻐야지'라는 아빠의 철학(?)으로 다리를 보자기로 싸서 묶고 잘 때가 많았고 랩으로 감싸고 잔 날도 있다.

아빠는 내가 자기 전에 무조건 다리를 정리해주셨다. 그때는 숨 막히고 답답하고 이렇게 해서 뭐가 좋아진다는 건지 짜증스러울 뿐이었는데 어릴 적 아빠의 관심과 노력 덕분에 예쁘지는 않지만 아빠의 사랑이 듬뿍 담긴 건강한 다리를 갖게 되어 행복하다.

그리고 지금 촬영할 때마다 요긴하게 쓰고 있다.

남다른 생일

1987년 1월 19일,
내 생일이지만 아닐 수도 있었던 날이다.
엄마 뱃속에 나 말고 혹이 같이 자라고 있었던 것.
사실 나는 태어나지 못할 뻔했는데 아빠가 살렸다.
첫 번째로 찾은 병원에서 산모와 아기 둘 중
한 사람만 구할 수 있다는 말에 한바탕 난리를 친 아빠는
엄마를 들쳐 업고 두 번째 병원으로 가서
엄마와 나, 두 여자의 목숨을 구해주셨다.
지금이야 웃으며 이야기할 수 있지만,
그때 아빠는 얼마나 무서웠을까.
어느 순간부터 내내 아빠가 무섭고 싫더니
또 어느 순간부턴 아빠가 보고 싶고,
마음 아파하는 사람이 되어 있다.

천
묘
창
조

봐도, 봐도 신기한 물건일세!

내 친구 사막여우

"사막여우가 되고 싶어요."
언젠가 방송에서 내 외모의 롤모델이 사막여우라고 말한 적이 있는데
그 후로 팬들이 사막여우 종이 인형을 많이 선물해주었다.

'모야'한테 놀자며 가까이 가보지만 매번 퇴짜를 맞는 '호야'를 위해
사막여우 종이 인형 친구를 소개해주었다.

눈치 대작전

모야와 호야를 키우며 점점 늘어가는 내 직감력!

바로 눈치 보는 것.

'야옹!'

그 한 번의 야옹이 나에게서 뭘 원하는지

이리저리 머릿속을 헤집어가며 재빨리 생각해야 한다.

'밥그릇엔 사료가 있고 간식도 방금 먹었는데 이건 뭐지?

이 '야옹'은 대체 뭘까?' 짧은 시간에 실눈을 뜨고

머리를 이리저리 굴려본다.

아! 비키라고?

네 보금자리에 내가 앉아 있는 게 불편하니

비키라는 거구나.

알았어!

우리의 아침

시간을 달리는 모야

만 일곱 살.

문현이라는 인간과 살아가기 8년차인 '모야.'

요즘 들어 주변에서 가끔 물어본다.

"얘는 몇 살이야?"

"일곱 살이요."

"어머, 진짜? 어려 보이는데 꽤 나이 들었다!"

모야가 동안이라 나이에 비해 어려 보이는 건 좋으나

뒤에 따라오는 '꽤 나이 들었다'는 말은 가끔 생각에 빠지게 한다.

내가 나이가 드는 만큼 너도 세월을 먹었구나.

인간으로서 시간을 달리고 있는 나와

고양이로서 시간을 달리고 있는 모야.

고양이는 수명이 왜 그렇게 짧지?

반려묘나 반려견이 조금 더 인간의 수명과 비슷하다면 얼마나 좋을까?

그들의 삶은 왜 이렇게 짧은지….

아직 오지 않은 걱정은 하고 싶지 않지만 그 과정을 견딜 수 있을까?

네가 없는 순간을 '괜찮다'며 보낼 수 있을까?

이런 생각을 하는 날이면 귀찮아하는 모야를 붙잡고

괜스레 훌쩍이곤 한다.

모야가 시간을 조금 천천히 걸어가길 빌어본다.

Love

사랑을 시작할 때 끝날까 봐 두려워하던 나는
좋은 순간을 좋은 대로 받아들이지 못하고
결국 끝이 왔을 때 많은 후회로 힘들어하곤 했다.
모야와 호야의 사랑에서 절대 후회하는 날을 만들고 싶진 않은데….
후회 없는 사랑이라는 게 있을까?
늘 아쉽고, 안타깝고, 순간이 그리운 게 사랑이던데….

27

'Wild'한 고양이

넌 마음속 유일한 출구가 돼.
너 하나로 매일이 새로워져.
하나보단 둘이 더 강하잖아.
늘 함께 함께 가야만 해.
나인뮤지스 명곡 'wild.'
그렇다. 늘 함께하자.
모야야, 호야야.

28

엄마 1

엄마가 생각난다, 모야를 보며.

가끔 엄마에게 전화를 건다.

모야를 키우면서 '엄마'에 대해 생각해보는 시간이 많아졌다.

모야가 아플 때, 잘 때, 밥을 걸신들린 것처럼 먹을 때,

가능한가 싶은 점프를 할 때, 일어나라고 귀찮게 할 때.

모야를 보고 있으면 가끔 엄마가 보고 싶어 전화를 걸어본다.

엄마 2

결혼한 고등학교 때 친구가 남편과 함께

아이가 크면 뭘 시키지 하며 옥신각신한다.

"운동선수 시킬까?"

"너무 힘들어."

"현아처럼 가수 시킬까?"

우리 엄마, 아빠도 그랬겠지.

첫딸인 나는 무엇을 시키고 싶으셨을까.

사실, 나도 모야가 고양이계의 CF퀸이 될줄 알았다.. 에휴!

엄마 3

오랜만에 집에 놀러오신 엄마.
모야가 밥을 '우두둑우두둑' 먹고 있다.
"엄마, 아이 키우는 게 고양이 키우는 것보다 더 힘들겠지?"
"당연하지, 이년아!"
갑자기 욱하신 엄마 때문에 빵 터져서 웃고 말았다.

고양이의 배꼽시계

"야~옹, 야~옹."

이른 아침, 머리맡에서 일어나라고 신호를 주는 고양이.

모른 척하고 더 잔다.

다음, 화장대에 있는 물건들을 떨어뜨리며

"야~옹."

집사가 일어나는 낌새가 있다 싶으면!

바로 밥그릇으로 달려간다.

'내가 지금 배가 고프니, 당장 일어나서 밥을 달라'는 명령이다.

32

사춘기 호야

울음소리도 겨우 내던 아기 호야,

엄마 품이 그리웠던 아기 호야는 내 품속으로 파고들어 잠을 청하곤 했다.

한번은 내 목 근처에서 호야가 잠이 들었는데

그때 나는 어마어마한 거인에게 목을 졸리는 꿈을 꾸었다.

그렇게 내 품에 안겨 있던 호야의 아기 때 모습이 아직도 눈에 선하다.

지금은 좀 컸다고 자기만의 잠자리를 정해 꼭 그곳에서만 잔다.

침대 끝, 빨간 의자.

예전처럼 데리고 같이 자려고 하면 귀찮은지

'야옹' 거친 소리를 내며 빠져나간다.

"나쁜 시키. 다 키워놨더니."

22살의 해프닝

무작정 보낸 오디션 이력서를 보고 꽤 가능성이 있던 회사에서 연락이 왔다.

"이력서를 봤으니 오디션 보러 오세요."

부푼 기대를 안고 처음으로 '엔터테인먼트 회사'에 발을 들여놓았다. 간단하게 자기소개가 끝난 뒤 카메라가 아래에서부터 위로 몸을 스캔했다.

그 회사 이사라는 분께서 한 말씀 하셨다.

"몸매는 좀 가다듬으면 괜찮겠네. 어깨 라인 좀 보게 옷을 살짝 내려볼까?"

'내 안에 꽉 차 있는 열정과 꿈'은 뒤로한 채 당장 보이는 신체에 대해 이야기했다. 머리가 띵했다. 이런 건가 싶었다.

어렸지만 바보는 아니었나 보다. 무서움인지 분노인지 알 수 없는 감정을 삼키며 "그렇게 하긴 싫은데요"라고 겨우 말할 수 있었다.

그날따라 비가 왔고 창밖에선 나뭇가지들이 세차게 흔들리고 있었다.

내가 벗어야 하는 이유를 구구절절 나열하고, 당당하게 벗어 보이지 못하면 이 바닥에선 절대 살아남을 수 없을 거라는 훈계까지.
이해할 수 없는 말들을 뒤로하고 새하얀 계단을 지나니 투명한 자동문이 열렸다.
지하철을 타고, 버스로 갈아타고, 집으로 오는 내내 아무 생각도 하지 않았다. 꼴이 우스워 보였다.
이 세상엔 내가 할 수 있는 게 아무것도 없는 것 같은 기분이 들었다.
오디션을 잘 봤느냐고 반겨주는 엄마에게 한마디도 못하고 방에 들어가 모야만 끌어안고 하루를 꼬박 울었다.

머리에 쓴 선글라스를 종일 찾아대고, 어제 일도 가끔 잊어버리는 통에 멤버들이 '손이 많이 가는 언니'라고 할 정도로 기억하는 시간이 짧은 나지만 그날 내가 어떤 옷을 입었는지, 날씨는 어땠는지, 집에 가는 길이 어땠는지 정확히 기억한다.
꽤 충격적인 일이었나 보다.

아.육.대

아.육.대!

'아이돌 육상경기대회'의 줄임말.

2011년 1월 23일. 잠실종합운동장. M방송사 아이돌 육상경기대회 촬영일.

이날 나의 일기는 '오늘 참 많은 걸 생각하게 한 날.' 이렇게 한 줄이다.

육상경기 촬영장이었지만 꿈을 가진 청춘들의 경연장이기도 했다.

누군가는 달리기를, 누군가는 높이뛰기를, 재주와 끼가 많은 청춘이 보였다.

우리는 어디로 가는 걸까? 어떤 모습으로 변해 있을까?

4년이 지난 일이지만 아직도 생생하다.

인사하고 웃고, 이야기하고 웃고.

10명이 채 안 되었던 나인뮤지스 팬들. 끝까지 곁을 지켜주고, 다른 소리에
묻혀 잘 들리지도 않는 목소리로 응원해주는 모습을 보며, 우리는 일제히
눈물을 쏟고 말았다.

더 가자. 잘해내자. 마음속 다짐과 함께. 사람의 인연은 어떤 식으로든
마음이 오가면 절대 쉽게 끊어지지 않는 것 같다.

지금도 그들의 얼굴이 떠오르고 그날 멤버들의 표정이 생각난다.

그즈음 일기장에는 '힘을 주세요. 열심히 할게요'라는 글이 가득하다.

당시 나는 일기에 간절함을 적는 방법 외엔 할 줄 아는 게 없었다.

나에게 2011년은 그랬다.

35

아빠

아빠는 사랑을 표현할 줄 모르는 분이다.

어렸을 땐 그저 무섭고 피하고 싶은 존재였다.

어린 마음에 나는 아빠 때문에 가정이 화목하지 않다고 생각했다.

시간이 지난 지금 아빠는 지난날 따뜻하게 대해주지 못한 것을

무척이나 후회하신다.

나에게 조언도 아끼지 않고, 걱정도 많이 해주신다.

우리는 단지 대화가 부족했던 것뿐이고,

서로에 대한 이해가 부족했던 것뿐이다.

아빠 vs 모야+현아 1

모야는 인터넷 분양 사이트에서 처음 보았다.
운명적인 만남이라 합리화하며 무작정 집으로 데리고 왔는데
아빠에게 말할 용기가 없어 모야를 3일간 방 안에 숨겨놓았다.
드디어 결전의 날. 모야를 아빠 앞에 앉혀놓고 말했다.

"아빠가 걱정했던 비염도 없고 재채기도 안 했으니 괜찮지?
아빠, 이젠 핑계대지 마시고, 우리 고양이 키우자."
그 길로 잠시 밖에 나갔다 오신 아빠는 "내가 쥐띠인데 집에 고양이가 있으
면 사업이 안 된다" 등 이해할 수 없는 말씀을 하셨다.
또 다른 핑계를 만들어 오신 아빠, 이전에도 키우던 강아지들을
'시끄럽다', '우리가 그럴 형편이냐' 등의 이유로 내치거나 도로 가져다주
는 일이 많았다.

그 이후 고양이 때문에 아빠와 사이가 더 나빠졌다.

아빠 vs 모야 + 현아 2

슈퍼모델 대회를 치를 무렵.

"털 봐! 저 노무 고양이 털 봐! 빨리 치워! 주인한테 다시 주든가!"

심하게 지나친 아빠의 말씀에 시위가 필요하다 싶어

모야를 데리고 '가출'했다. 목적지도 없이 대책도 없이.

슈퍼모델 교육이 끝난 후 갈 곳이 없던 나는 친구 집에서

'앞으로 어떻게 하지?' 궁리하고 있었다.

그때 큰이모에게서 전화가 왔다.

"네 아빠 난리 났으니까 빨리 들어가! 이모가 데리러 갈게!"

그렇게 하루 만에 이모 손에 이끌려 집으로 돌아갔다.

아빠는 모야를 데리고 가출을 시도한 내가 괘씸하다고 하셨다.

"모야를 택할래? 아비를 택할래?"

나는 모야를 택했고 배신감을 느낀 아빠와는

사이가 한층 더 멀어져버렸다.

내 생에 첫 탁묘, '또리'

모야에게 친구를 만들어주고 싶었던 나는 날렵하고 똘똘하게 생긴 '또리'를 탁묘받았다. 샴고양이 남자아이 '또리.'

성별이 다른 고양이가 우리 집에 온 건 처음인데

또리가 하는 행동을 보고 몇 번이나 식겁했는지 모른다.

옷걸이 꼭대기에 올라가서 옷 떨어뜨리기. 방충망에 스파이더맨처럼 매달려 있기. 남자 고양이라서 그런지 힘이 넘쳐나고 근육도 무시무시하게 잡혀 있었다.

모야와의 첫 만남도 쉽지 않았다. 서로 경계하고, 서로 때리고, '하악'질하는 통에 친구 만들어주기 작전이 실패로 끝나나 싶었다. 일주일이 지나자 그들은 같은 침대에서 자기 시작했고 2주차가 되니 서로 그루밍을 해주었다. 성격이 전혀 다른 두 고양이가 친구가 되기까지는 그들만의 시간이 필요했다. 가끔 혓바닥을 내놓고 자는 또리가 보고 싶다. 활기찬 또리. 잘 지내니?

이때 경험이 호야를 처음 들여올 때 도움이 많이 되었다.

※ 탁묘 : 상황이 잘 맞지 않을 때, 고양이를 잠시 다른 거처에 맡기는 것을 탁묘라고 한다. 짧게는 며칠에서 길게는 1년 정도 탁묘를 하는 경우도 있다.

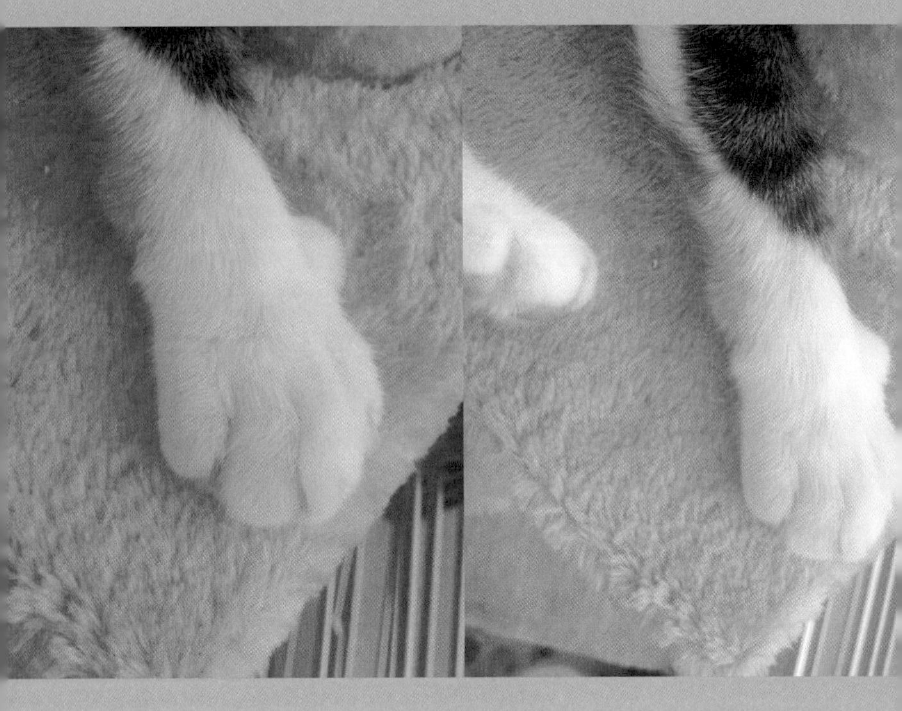

피할 수 없는 매력(솜방망이)

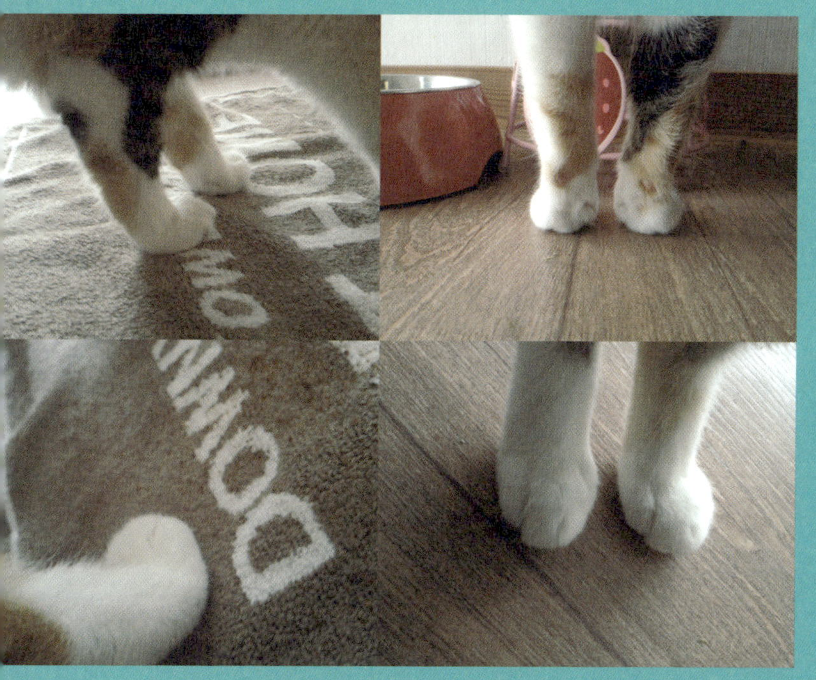

묻지도 따지지도 말고

모야와 호야는 내 가방에 관심이 많다. 가방 검사하듯 샅샅이 뒤진다.
전에는 왜 이런 행동을 하는지 알고 싶었다.
"내 가방엔 왜 들어가는 거야?"
"가방을 왜 뒤지는 거야?"
"그건 선물받은 가방이야!"
"대체 왜 그래!!"
한동안은 모야, 호야의 이름 대신 한껏 짜증 난 말투로
"야~~ 너 대체 왜 그러냐?"라는 말을 더 많이 했던 것 같다.

이젠 그냥 그런가 보다 한다. 그냥 가방이 궁금한가 보다. 그냥 다 끄집어
내보고 싶은가 보다. 자연스럽게 그들이 하는 행동의 이유를 따지지 않게
되었다. 그러다보니 자연스럽게 사람과의 관계에서도
그들이 하는 행동을 내 규칙대로 단정 짓지 않게 되었다.
제각각 다른 사람들이니 또 그냥 그런가 보다 한다.

아! 때론 고양이들이 나를 키우는구나!

시간을 멈추는 초능력이 생길까?

뭘 그리들 서두르는지.
왜 이렇게 세상은 빠르게 가는지.
잠깐 울고 싶을 때,
지금 부는 바람을 좀 더 느끼고 싶을 때,
세상이 잠깐 멈춰주었으면 좋겠어.
펑펑 울고, 실컷 웃고, 힘껏 안아보게.
드라마 속 주인공처럼 먼 훗날엔
시간을 멈추는 초능력이 생기지 않을까?

뭐 하는 거야?

41

하고 싶은 것

도시가스요금 걱정 없이 방 뜨끈뜨끈하게 해놓고

따뜻해진 바닥에 모야는 널브러져 있고

호야가 널려져 있는 사이에

나도 팔, 다리 다 뻗고 누워 시간 아깝다는 걱정 없이

내가 좋아하는 음악 종일 실컷 듣기.

너저분한 방을 '언제 다 치워' 걱정 없이 그냥 내버려두기.

'앞으로 어떻게 살아가야 하지?'에서 비롯되는 온갖 생각 내려놓기.

말은 쉽지만 아직도 쉬운 일이 아닌 것.

내게 허락된 시간을 내가 온전히 지배할 수 있는 나이가 올까.

비 오는 어느 날

시끌시끌한 이 공간이 싫어 이어폰을 끼고 음악을 튼다.

고개를 들어 주위를 보면

창밖으로 보이는 바삐 움직이는 차들,

휴대전화를 보며 걸어가는 사람,

우산을 셋이 같이 쓰고 비 오는 날을 즐기는 이들.

지금 내가 있는 이 커피숍 안에도

친구와 사는 이야기를 나누는 사람들.

다들 세상에 발맞추어 잘 살아가는 것처럼 보이는데

나만 제자리에 있다.

나만 멈추어 있는 것 같은 기분이 들 때는

그냥 고개를 들고 싶지 않다.

BGM : 정준일 - '괜찮아.'

42

커피숍에서

인생 공부

학생 때는 공부가 죽어라 싫더니

학생 신분을 벗어던지고 나니

공부한다는 것이 즐거워졌다.

이런 청개구리 심보가 있나 싶지만

지금은 내 미래를 그려가는 공부를 하니

흥미진진할 수밖에.

교과서에 있는 글자는

아무리 집중을 해보려고 해도

자음·모음 춤을 추며 날아다니더니

지금 보는 책들은 글자 하나 놓칠세라

마침표까지 꼼꼼히 담아가게 된다.

책을 통해 조금 더 넓은 세상을 보고 싶다.

이상은 공부에 별 취미가 없었던

한 학생의 자기합리화였습니다.

혼자 산다는 것? 아니 셋이 산다는 것!

너는 그루밍을 하고 있고 나는 음악을 틀어놓고 내 일을 하고 있다.
나름 평온한 순간, 밖에서 큰 소리가 들린다.
너나 나나 하던 일 멈추고 눈이 동그래져 무슨 일이지?
현관문을 쳐다보다 너와 눈이 마주친다.
밖에서 큰 소리가 나거나 무서운 소리가 들리면
약속한 듯 눈을 마주치고 상황을 정리한다.
혼자 살면서 밖에서 나는 소리에 더 민감해진 나는
모야와 같이 놀라고 모야와 같이 안도의 숨을 쉰다.
이제 호야까지.
여자 사람 한 명과 암고양이 두 마리가 바깥세상을 경계하고
같이 품으며 살아간다.

병원 가기

모야를 안고 병원 문을 들어선다.
모야는 수의사 선생님들을 만나기가 무섭게 고개를 내 목에 푹 숨긴다.
길지 않은 앞다리로 내 목을 감싸안고 절대 놓지 않겠다는 다짐을
온몸에 힘을 주며 표현한다.
동물병원 선생님들이 "귀엽게 생겼네요. 떨어지기 싫은가 보다" 하면,
"어우, 병원 올 때만 이래요" 하며 으스대곤 한다.
물론, 모야가 나한테 의지하는 일이 별로 없어서
그 순간을 200퍼센트 즐기곤 한다.
모야야, 그때만큼은 내가 너에게 꼭 필요한 사람인 것 같아
기분이 끝내주거든.

※ 고양이가 긴장하면 고양이 발바닥에서 땀이 나는데,
모야는 병원에 갈 때마다 발바닥이 흠뻑 젖곤 한다.

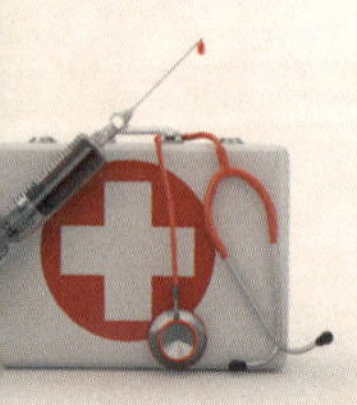

46

모야의 식탐

식탐이 많은 모야.
'나를 찾는 건 단지 내가 밥을 주기 때문일까?'
가끔 그런 생각을 한다.
만약, 내가 집을 비웠다가 6개월 만에 돌아왔을 때
모야가 배가 고프지 않다면
나를 반갑게 맞이해줄까?
왠지 자신이 없어진다.

그런 날

똑같은 시간,
똑같은 거리,
똑같은 사람들.
어제나 오늘이나
똑같은 날씨.
그럴 때가 있다.
기분 좋은 바람이 불 때,
잠시, 바람을 느끼다 심장이 뭉클해질 때.
유난히 그런 날이 있다.
모야. 너도 그런 날이 있어?

47

주저리주저리

바다를, 바람을, 소리를 같이 느끼고 싶다.
강아지를 키우는 사람들이 제일 부러울 때는
강아지와 모든 순간을 공유하는 모습을 볼 때.
고양이는 자기 영역에서 벗어나면 긴장한다.
'나 지금 패닉이야.
대체 여긴 어디야!'라는 표정.
그런 모습을 보는 사람도 불편하고 고양이도 불편하다.
이내 고양이 발바닥이 땀으로 흠뻑 젖는다.
그럴 때 내가 택한 방법은 그 동네는 어땠고,
날씨는 좋았다가 비가 와서 당황했고,
그래서 오늘 기분은 그냥 그렇다는
사소한 이야기를 하는 것이다.
분명히 모아와 호아에게 전달되었다고 믿는다.
주절주절하는 내 모습을 보면 주정뱅이가 따로 없다.
그렇게 우린 서로 공유해본다.

/48

Hug me

갸르릉갸르릉. 나른하게 감기는 눈.
유연해서 그런가?
안으면 안는 대로 내 몸에 편안히 안겨주는 모야.
그래, 이거야! 고양이와의 포옹.
모야처럼 조금 통통한 고양이를 안을 때의 느낌이란
벗어날 수 없는 편안함과 여유로움.

고양이의 트라우마

아침에 샤워하고 잠시 마트를 다녀오면서 드라이기 코드 빼는 걸 깜빡했다. 10분이면 오는데 별일 있을까 했지만 집에 돌아와 보니 호야가 드라이기와 전쟁을 치르고 있었다.

드라이기는 윙윙대고 호야는 호야대로 날카롭게 야옹! 호야가 잘못 건드려 드라이기가 작동돼버린 것이다.

자기 덩치만 한 기계가 갑자기 굉음을 내며 바람을 일으키니 놀라 기절하기 일보직전이었을 것이다. 나를 보자마자 소리를 질러대는 호야. 무서움과 원망의 소리가 섞여 있다. 호야, 드라이기보다 네 소리가 더 커.

그날 이후 드라이기만 들면 호야는 줄행랑을 친다.

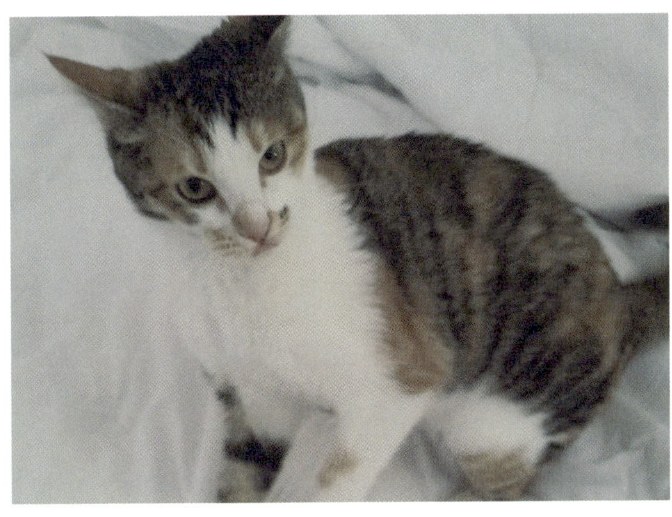

사회부적응 '묘'

친구들이 가끔 얘기한다.

"모야가 저렇게 사회적이지 못한 건 다 너 때문 아니야?"

"뭐?"

"아기 때 엄청나게 때린 거 아니냐고!"

"무슨 소리야, 쟤는 원래 저런 성격이야!"

"아니면 모야가 너한테 질렸거나!

너 예전에 모야 데리고 가출하고 그랬잖아."

"그건 아빠 때문이지!"

"집고양이들 집 나가는 거 안 좋아한다며. 암튼 모야는 너무 숨어 살아."

"그렇지. 무슨 베란다에 세 들어 사는 고양이 같아…"

원래 성격이 그렇다고 생각하지만

혹시, 설마 나 때문에

모야가 사회부적응 '묘'가 된 건 아니겠지?

모야!

호야!

미안, 넌 줄 알았어

침대 밑에 웬 비닐봉지야.

얼굴에 로션을 바르며 발로 차올려 잡을 생각을 하고 찼는데 모아였다.

지인은 검은 푸들을 키우는데

검은 봉지만 보면 자기 강아지인 줄 착각한다고 한다.

반려견, 반려묘와 함께 사는 인간이 흔히 하는 착각!

52

식물사랑 모야

※ 식물 중 백합은 고양이에게 좋지 않다고 한다.
　농약이 묻어 있는 식물은 고양이에게 아주 좋지 않으니 주의해야 한다.

집 밖으로 나오는 걸 별로 좋아하지 않는 모야는

8년 동안 나와 외출해본 적이 많지 않다.

밖에 나갔을 때 나뭇잎을 쥐봤더니

킁킁거리며 갸르릉 소리를 냈다.

밖에 자주 못 나가는 모야를 위해, 나뭇잎을 좋아하는 모야를 위해

식물을 키워보기로 했다.

'자연을 조금 더 가까이해주고 싶어.'

일단 키우기 쉬운 개운죽으로 시작!

다행히 잎사귀에 얼굴을 비비며 좋아한다. 이젠 허브까지!

모야에게 자연을 선물하리라!

외사랑

내가 모야에게 주는 사랑은 200퍼센트인데
모야는 나에게 50퍼센트도 주지 않는 것 같다.
모야가 자꾸 품에서 빠져나가.
'너 진짜 이럴 거야? 그럴 거면 진짜 나가버려!'
모야를 현관문 밖으로 내놓고 문을 닫아버렸다.
30초도 되지 않아
눈만 물끄러미 뜨고 앉아 있는 모야를 데리고 들어와
미안하다며 엉엉 울었다.
혹시라도 어디로 사라질까 봐 심장을 졸였다.

외사랑은 힘들다.

54

꽃

내가 그의 이름을 불러주었을 때,
그는 나에게로 와서 꽃이 되었다.
내가 모야라고 부르는 순간
너는 나의 고양이가 되어주었지.
그 이름을 부를 수 없는 날들이 올까 봐 두려워.

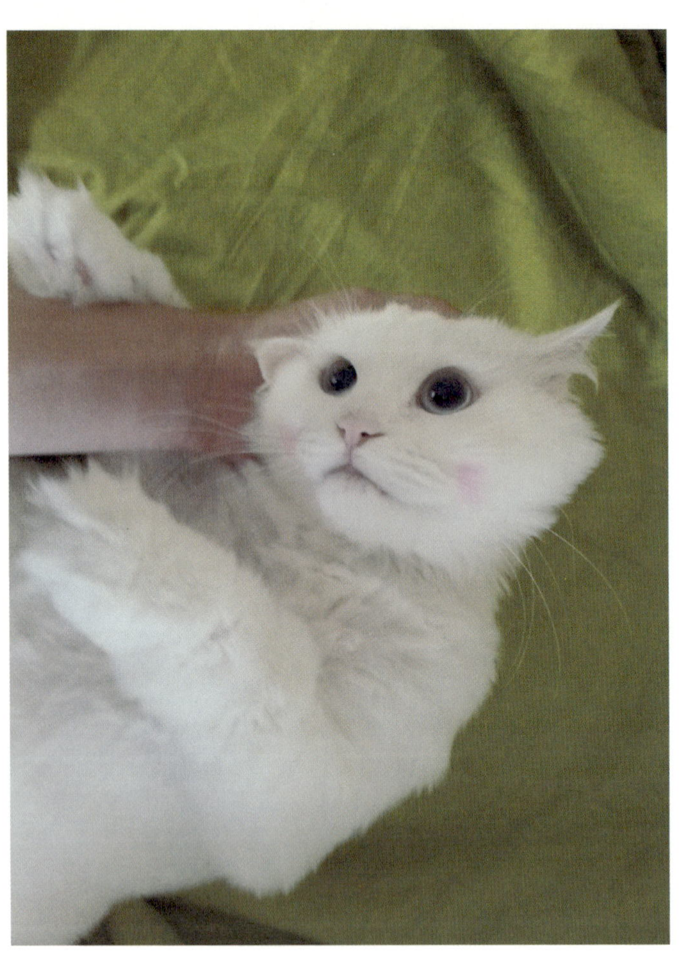

55

심장 소리

모야와 .호야의 심장 소리를 듣는 게 좋다.
나의 심박 수보다 조금 빠르지만
편안함을 느끼기엔 제격이다.

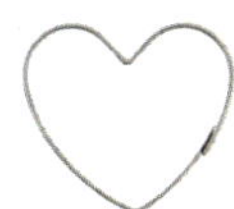

56

고양이 꼬리

'호야~'
'호오오오야!'
아무리 불러도
얼굴도 들지 않는다.
귀도 까딱하지 않는다.
오로지 꼬리만 파닥파닥 튕긴다.
섭섭하지만 나에게 호야의 꼬리는 또 다른 언어
호야의 꼬리 = 쉿, 조용히 해!

57

고양이 사냥꾼

고대 이집트 시대로 거슬러 올라가 보면

고양이는 쥐 사냥꾼으로서 인간에게 도움을 주고

인간은 그 대가로 음식을 주며

서로 윈윈 관계를 형성하며 살았다고 한다.

모야와 호야는 집고양이인지라 사냥하는 모습을 볼 수 없지만

집 안에 들어온 모기, 거미, 파리 등을 잡는 모습을 보면

그들의 사냥 본능이 보인다.

내가 알던 모야가 아니고 내가 알던 호야가 아니다.

그 어느 때보다 빠르고, 목표물을 정확히 잡아내는 것을 보면

오우, 고양이 맞구나! 싶어진다.

나는 벌레를 싫어하지만 고양이들을 키우면서부터는

파리가 들어오거나 나방이 들어와도

예전처럼 호들갑을 떨지 않는다.

"모야나 호야가 잡아놓겠지?"

하지만 간혹 당황스러울 때가 있다.

모야와 호야가 잡은 벌레들을 갖고 놀 때!

 58

유혹

고양이는 진화를 거듭하며 인간을 유혹하는 방법을 터득한 것 같다.

웅크리고 자다가 '잘 잤다'며 기지개를 켠다.

두 앞발을 쭉 내밀고 기지개를 켜는 모습이

발레리나보다 유연해 보이는데

그 부드러움이 뭔지 모를 편안한 느낌을 준다.

영화 〈슈렉〉에 나오는 '장화 신은 고양이'의 눈빛을 기억하는가?

고양이의 귀여움을 동반한 초롱초롱한 눈을 보면

인간으로선 어찌할 도리가 없다.

고수다! 한 걸음, 한 걸음 내딛음이 얼마나 고고한지.

살랑거리는 꼬리는 '이것 봐, 내가 궁금하지 않아?'라며 나를 유혹한다.

• 유연한 너의 몸짓
• '내 요구를 들어줘' 눈빛 발사
• 도도하고 섹시한 발걸음
• 살랑거리는 꼬리

두 손 두 발 다 들었다.

유혹의 기술은 따로 있는 게 아니라 어쩌면 모야, 호야 존재 자체일 수도.

그래, 너희가 최고다.

You win.

고통받는 토끼

좋아하는 음악이 있다

고양이는 클래식, 잔잔한 음악,
약간 몽환적인 음악을 좋아한다고 한다.
모야는 성격이 잔잔해서 클래식이
잘 어울릴 거라고 생각하지만
호야는 성격상 일렉트로닉이나
트랜스가 맞을 것 같다는 생각이 든다.
나인뮤지스가 앨범이 나올 때마다
몇 번이고 똑같은 음악을 들어야 했던 모야와 호야.
애들은 나인뮤지스의 노래를 좋아할까?

60

창이 있다는 것

한참 청소를 하는데 옆 빌라 쪽에서 강아지들이 '왕왕' 짓는다.

왜 저렇게 짓지? 하고 보니 창문틀에 앉아 밖을 구경하고 있는

모야와 호야를 발견한 것.

그 작은 몸집으로 '난 만만하지 않아. 덤벼봐'라며 짓는 모습이 어찌나 귀여

운지. (우리 집 베란다 쪽 창문은 옆 빌라의 옥상을 정면으로 볼 수 있게 되어 있다.)

옆 빌라 옥상은 주인아주머니가 키우는 식물들로 넘쳐난다. 가끔 강아지들

도 같이 올라와 뛰어놀곤 하는 것 같다. (동물과 자연이 도시 어느 옥상에서 공

존하고 있다.)

아주머니께서 말씀을 건네신다.

"고양이가 정말 예뻐. 쟤네 밖에 나가고 싶은가 봐."

"거기가 궁금한가 봐요. 맨날 여기 앉아서 구경하던데요."

"뭐라 뭐라 말하면 야옹거리고 귀여워 죽겠어. 잘 키워요."

모야와 호야는 옆 빌라에서 자라는 식물을 보며, 옆집 강아지와 눈싸움을

하며, 날아가는 새들을 보며, 옆집 아주머니와 얘기를 하며, 내가 모르는 시

간을 그렇게 지냈구나.

심심할까 봐 많이 걱정했는데 우리 집에 커다란 창이 있어서 다행이다.

※ 여건이 된다면 자연을 더 가까이에서 느낄 수 있는 곳, 내가 없는 동안 많은 것을
   보고 교류할 수 있게 아주 넓은 창이 있는 곳으로 모야와 호야를 데려가고 싶다. 꼭!

오감만족 고양이

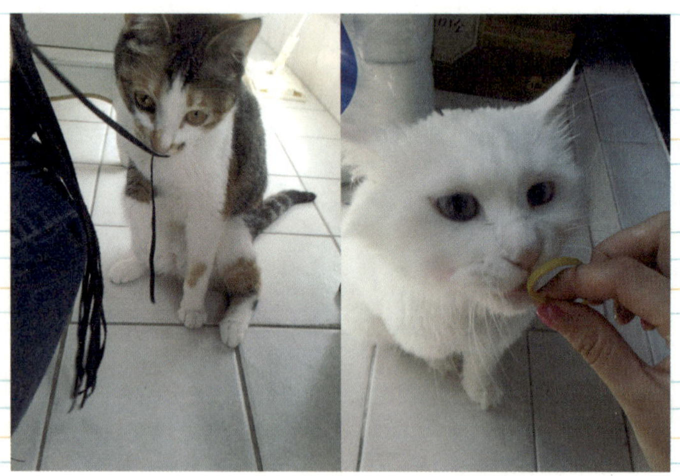

오감만족 고양이

새로운 물건을 집으로 들고 오면 모야와 호야는 작은 콧구멍을 킁킁거리며
냄새부터 맡는다. 손을 집어넣어보고 발로 건드려보기도 한다.
어느 날은 집에 멤버들이 놀러왔다.
둘은 멤버들의 정체를 알기 위해 어김없이 킁킁거리며 다가갔다.
"하지 마, 하지 마! 내 가방이야, 왜 그래!"
경리가 가방을 뺏어 다른 곳에 놓았다. 호야가 자꾸 안에 있는 걸
꺼내려고 해서다. 하지만 호야는 '무슨 소리야. 이 집에 들어오는 건 다 내
확인을 받아야 해' 하듯 아랑곳하지 않고 경리 가방에 얼굴까지 집어넣었다.
집착하며 정찰하는 통에 경리와 호야가 다투기도 했다.
모야와 호야의 이런 행동을 보다가 '나도 후각을 좀 열 필요가 있지 않을
까?' 싶어 사물에 코를 갖다 대보고 냄새나 향기를 맡아보기도 하는데
잃었던 감각이 열리는 것 같아 기분이 좋아진다.
주의할 점은 남들이 보면 이상하게 생각할 수도 있으니 최대한 집에서만
해보시길.
동물이랑 오래 살다보면 닮는다던데 이렇게 행동도 닮아가는 게
맞는 건가? 어찌 됐건, 내 오감을 자극해주는 고양이들.
오감이 열린 만큼 세상도 조금씩 더 보이기 시작한다.

작은 식탁 위 작은 고양이

/62

한강 달리기

기억나? 이곳을 정복해보자 했던 첫 다짐.

지하철을 타고 뚝섬유원지로 가서 영동대교부터 성수대교, 동호대교,

한남대교를 넘어 반포대교까지 찍고 잠수교로 넘어와

다시 반대쪽을 뛰었다.

첫날은 반포대교까지 뛴 다음 '아, 이러다간 안 되겠다. 다음 대교에서

택시 타고 가자' 했지만 그렇게 쉽게 포기되지 않았다. 좀만 더

참아보자 하며 뛴 게 3시간을 넘겨 집에 도착했다. 일주일에

세 번씩 몇 달을 그렇게 뛰었던 것 같다. (나중에야 들은 얘기지만 집 앞

커피숍 사장님은 내가 운동선수라고 생각하셨단다.)

그때는 내가 소속되어 있던 연기자 회사가 상황이 안 좋아져 길을

잃었다는 생각에 자신감이 많이 떨어져 있었다.

'뭐라도 해야 해. 이러다간 내 존재 이유가 불투명해질 거야.

그럼 결국 지금보다 더 힘들어지겠지…' 모야도 먹여 살리려면

움직여야 했다. 그래서 무작정 시작한 것이 '한강 달리기.'

지금 하라고 하면 절대 못한다. 그때는 뛰면서 한계를 느끼는 것이

무언가를 할 수 있는 사람으로서 존재 이유를 찾아가는 유일한 방법이었다.

가끔 밤중에 맥주를 한 캔 들고 한강을 바라보며 그때 다짐을

되새겨보곤 한다.

한강을 구석구석 다녀보면 나만의 은밀한 장소가 생기기도 하고,

생각하지도 못했던 동물을 보기도 하고,

혼자 펑펑 울고 싶을 때 울어도 아무도 모르는 곳을 찾을 수도 있다.

So I love 한강!

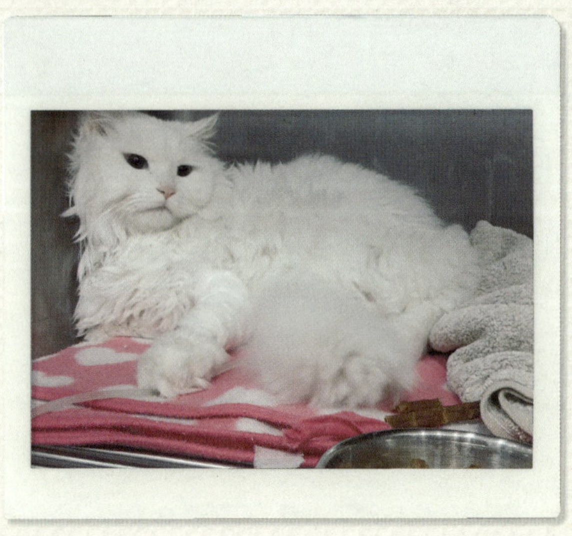

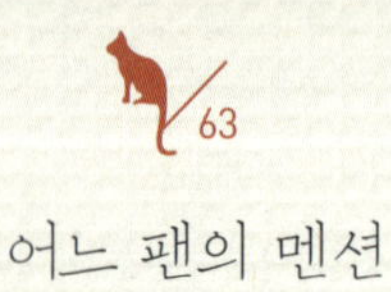 63

어느 팬의 멘션

"누나가 무심코 던진 한마디가 제게 큰 영향을 주네요. 공부가 다는
아니라고 했던…. 누나, 나 자퇴함, 4년 전액 장학금 다 버리고 하고
싶은 걸 찾아서 새로 시작하는데…. 공부가 전부는 아니라고 말한 누나.
나 이제 누나처럼 진짜 열심히 살아보려고."

어떤 팬의 멘션이다.

내 얘기를 듣고 자퇴했단다. 혹여 부모님이 찾아오기라도 하면 어쩌지?

내가 한 말에 후회는 없지만 저 아이가 너무 성급하게 생각한 건 아닌가?

걱정스러웠다. 만약, 저 아이가 가는 길이 더 힘들어진다면?

반면에 '하고 싶은 걸 찾아서 새로 시작'한다는 말에 뿌듯하기도 했다.

이 글을 보고 많은 분에게 편지를 써주고 싶었다. 비록 짧지만.

"가끔 생각해요. 내 과거 활동사진을 보고 열심히 살았다고 해줘서

너무너무 고맙다고.(언젠간 얘기하고 싶었는데, 그게 오늘일 줄이야.)

그때의 내게 정말 필요했던 위안이 아니었을까 생각도 합니다.

뭐, 그렇다고요. 어떤 상황이든. 내 인생은 내가 정하는 대로

굴러가는 것 같습니다. 아직은 28살이라 잘은 모르지만^_^

YOU CAN DO IT BETTER.

[제가 좋아하는 말인데 왠지 오늘은 마인에게 해주고 싶네요.]"

모야가 아파 병원에 입원해 있는 상황에 어쩌면 한 팬의 멘션이

계기가 되어 나에게 써주고 싶은 편지를 쓴 것일 수도….

보컬 선생님과 토론

보컬 선생님과 동물에 대해 열띤 토론을 했다.

선생님은 동물을 좋아하는 성격이 아니었다고, 갑자기 입양해온 강아지가

싫어서 가족과 골이 깊어질 정도였다고 했다. 마음이 바뀐 결정적 이유는,

힘든 시기에 그 어떤 이의 말과 위로보다 강아지가 주는 침묵 속의 위로가

마음을 녹였다고 했다.

선생님은 길고양이가 밖에서 우는 것도 몹시 싫었다고 했다.

고양이 소리에 스트레스를 받아 엄마에게 하소연하였지만

엄마는 "우리가 편하자고 바꿔놓은 세상 속 피해자다. 너무 그러지 마라"

하셨단다.

이 말처럼 우리의 시야를 바꿔서 생각하면 함께, 같이 어우러져 살 수 있지

않을까? 동물이든 사람이든.

뜻있는 말씀 전해주신 '이 여사님,' 감사합니다.

65

고양이 책

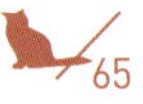

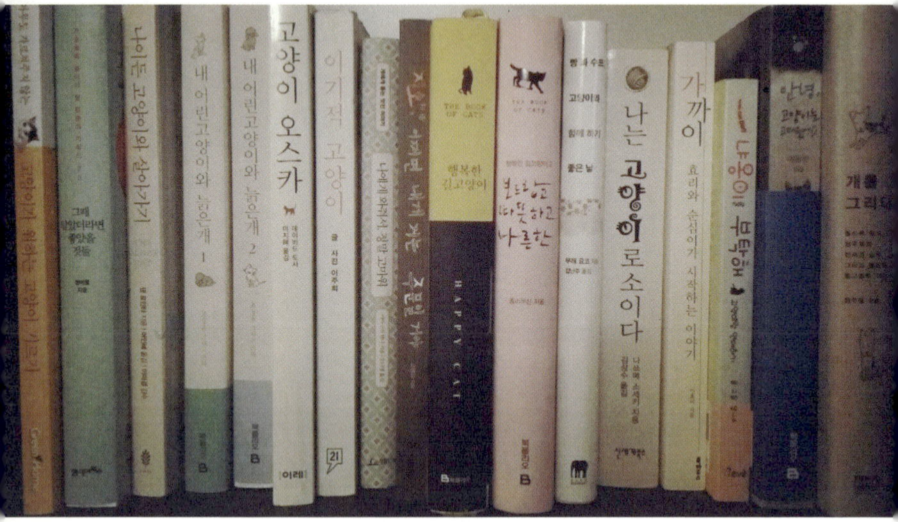
나이든 고양이와 살아가기
내 어린고양이와 늙은개 1
내 어린고양이와 늙은개 2
고양이 오스카
이기적 고양이
THE BOOK OF CATS
행복한 길고양이
HAPPY CAT
보드랍고 따뜻하고 나른한
나는 고양이로소이다
가까이
효리와 순심이가 시작하는 이야기

우리 집에 있는 책의 40퍼센트가 고양이와 관련된 것이다. 내가 사들인 것도 있지만 거의 팬들이 준 책! 모야와 호야를 키우는 데 도움이 되었으면 하는 팬들의 마음이다. 책마다 전달되는 느낌이 다 다르다.

《나이든 고양이와 살아가기》 이 책을 모야를 키우기 전에 읽었으면 어땠을까? 반려묘는 언제까지 마냥 귀여운 어린 고양이로 살아주진 않는다. 시간이 지나면 반드시 그들의 마지막을 겪어야 한다. 조금 무거운 주제로 반려묘에게 책임감을 느끼게 해주는 책.

《내 어린 고양이와 늙은 개 1~3》 웹툰으로 먼저 나왔다가 책으로 발간되었다. 생활 속의 에피소드를 얘기하며 소재에서 공감대를 형성하는데 웃다가 울다가 하며 봤다.

《고양이 오스카》 평범한 고양이의 특별한 능력. 고양이 오스카의 따뜻함과 신기한 능력을 보며 혹시 우리 호야와 모야도 내가 모르는 초능력이 있지 않을까? 하고 생각하게 해준 책.

《이기적 고양이》 이주희 작가의 글을 보면 고양이 집사로서 모든 것을 공감할 수 있다. '나처럼 이주희 작가도 고양이를 통해 삶을 배우는구나…' 싶었던 책.

《안녕, 고양이는 고마웠어요》 이 책은 제목이 다 말해준다. 고마운 고양이.

혹시 나중에 모야와 호야가 세상에 없더라도 이 책들을 읽으며 모야와 호야를 되새기면서 살 수 있을 것 같다.

66

털 봐, 털!

고양이를 키우면서 겪는 고충 중에
제일은 아무래도 '털.'
모야와 호야를 빗겨주며 나오는 털뭉
치를 보며 가끔 엉뚱한 상상을 할 때가
있다.
모야가 터키시 앙고라종이니까.
매일 나오는 털뭉치로 스웨터를 만들면
진짜 따뜻한 앙고라 스웨터가 되지 않
을까?
매일매일 생산되는 이 털들로 떼돈을
벌 수 있을 거야!
I can make money! yay!!

모야라는 이름

"모야는 왜 모야야?"
"그냥, 아기 때 내는 울음소리가 '모야~' 하고 우는 것 같아서."
모야의 이름은 그렇게 별다를 게 없이 지었지만 점점 커가면서
모야를 보는 사람들의 반응이
"뭐야, 이건. 고양이가 왜 이렇게 커?"
이렇게 보자마자 '뭐야?'라는 말이 튀어나오니 모야라는 이름을
그렇게 지은 거 아니냐는 질문을 많이 받는다.

모야는 커가면서 모야라는 이름에 점점 가까워져 갔다.
고양이치고는 조금 통통한 모습과 참 잘 맞는 이름이다.
호야는 언니 모야의 이름에서 '야'로 통일성을 주고 싶었다.
멤버들과 상의해서 지은 이름이 '호야 하야 후루루 까꿍'이지만
쉽게 '호야'라고만 부른다.

※ 멤버들의 창의력이 돋보이는 이름이 많았지만 그냥 넘어가는 걸로….

텔레비전 보는 고양이

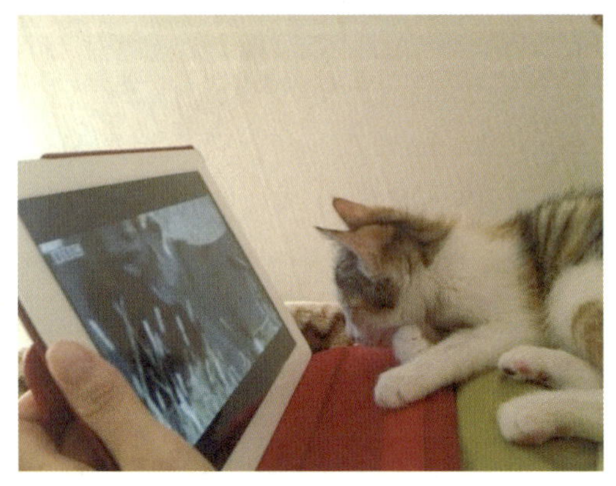

아기 호야는 호기심이 많다.

내가 컴퓨터로 영상을 보면 자기도 보겠다고 떡하니 자리를 잡는다.

사자 다큐멘터리를 틀어주니 턱까지 괴고 시청한다.

유난히 고양이과 동물들에 관심이 많다.

혹시나 다큐멘터리를 보고 배울까 봐 걱정스럽다.

여기서 더 사고 치진 않겠지?

자기가 사자인 줄 아는 건 아니겠지?

지켜보고 있다.

/69

까꿍이와 나비

동물 키우는 걸 늘 반대하시던 아빠가 어느 날 갑자기 까꿍이를 데리고 오셨다. 길 잃은 강아지 까꿍이는 주인을 끝내 찾지 못하고 아빠 품으로 오게 되었다는 것! 일가친척을 포함한 모든 가족이 그 소식을 듣고 눈이 휘둥그레졌다.

"너희 아빠가 강아지를 데리고 왔다고? 무슨 일이래?"

게다가 더 놀랄 일은 길고양이 나비까지 마당에서 키우신다는 것.

온 가족이 '모야 사건(내가 가출하고, 울고불고 아빠랑 싸웠던)'을 기억하는 터라 다들 '오래 살고 볼 일'이라고 입을 모았다.

지금도 미스터리한 일이지만 자식들 다 키우고 허한 마음을 까꿍이와 나비를 보며 달래시는 것 같아 한편으론 마음이 짠했다.

시간이 흐른 뒤 여수에 있는 부모님 집에 가게 되었다.

하나도 웃기지 않는 까꿍이 재롱을 자랑하며 크게 웃으시는 아빠를 보니 다행이다 싶었고, 엄마가 일을 나가려고 하면 나비가 먼저 문 앞까지 배웅하는 모습을 보며 내가 해야 할 일을 재들이 잘해주고 있다는 생각도 들었다.

까꿍이와 나비에게 부탁했다.

"부디 엄마, 아빠를 잘 챙겨줘."

70

주민 신고

억울하다.

새벽 1시 넘어 기타 치고 노래하고 음악 들은 건 인정!

근데 쿵쾅거렸다는 건… 왠지 너 같다, 모야야!

나는 쿵쾅거리지 않았는데.

너 점프하면서 내려올 때마다

심하게 '쿵'소리가 나서 나도 많이 놀란단 말이지.

아무래도 너 같아.

추천곡 : Cary brothers의 Take your time

호야의 호박색 눈

나는 아무 생각이 없다.

너만 배부르다면

몇 년 전 팬 한 분이 내 생일에
모야의 사료와 간식을 어마어마하게 사주셨다.
집에 풀어놓자마자 모야는 자기 식량인 줄
어찌 알고 무척 좋아했다.
그래, 내가 배고파도 네 배만 부르다면
나는 그게 더 행복하단다.
모야는 좋겠네.
이날 이후 몇 개월간 먹을 것 걱정 없이 잘살았다.

무서워!

태국의 길고양이, 아니 낭만 고양이

태국의 고양이들은 자연과 공존하며 어울려 산다.

고양이뿐만 아니라 강아지들도 그렇다.

매일 같이 바다를 보고, 산을 타며, 배가 고플 때는 사람들의 다리를 한 번만

'쓰윽' 하고 지나가도 밥을 얻어먹을 수 있으니 그만한 자유로움이 없다.

바닷가에서 강아지(사실 개다.) 세 마리가 정신 나간 듯 뛰며 돌아다니더니

사람들이 있는 곳을 한 번씩 '쓰윽' 지나가 본다.

좋다고 애교도 피운다.

저곳에선 강아지들과 같이 정신없이 뛰어도, 같이 앉아서 바다를 봐도 아

무도 신경 쓰지 않는다. 보고 싶다.

73

네 아지트는 더는 너를

네 아지트가 더는 너를 받아줄 수 없는 것 같아.
더는 아기고양이 때처럼 자는 게 불가능해 보여.
그러나 아랑곳하지 않고 머리가 밖으로 나왔는데도 꿋꿋이 잘 잔다.
호야, 인제 그만 나와.

박스에서 고뇌를….

I'M LION

74

고양이님과 집사의 외출

이날 이후….

다시는 호야를 데리고 밖에 나가지 않겠다고 다짐했다.

(사진엔 목줄이 없지만, 고양이 외출 시 목줄 필수! 사라져버릴 수도 있어요.)

쥐포 주세요

쥐포의 맛이 궁금한 모야와 호야! 모야는 온갖 불쌍한 척을 한다.

하지만 절대 안 된다는 거!

나트륨이 많이 들어 있어 고양이에겐 치명적일 수 있으니까.

화장실까지

화장실에 뭐가 있나…?

대체 여기까지 쫓아와서 그렇게 쳐다보는 이유가 뭐냐옹?

너는 또 누구니?

회사 앞 3GO카페에서 제공받은 사료를 먹는 또 다른 길고양이.
"너는 누구니?"
"똥꾸 아들." 사장님이 대신 대답해주신다.
"어머, 똥꾸. 능력자였구나?"
아직은 사람을 경계하는 아이.
조심조심 커라.

78

유연하기로는 네가 최고

고양이가 자는 자세를 본다.
'어떻게 저렇게 잘 수 있지?'
의문이 드는 자세가 각양각색이다. 가끔 호야는 목이 꺾인 채 잔다.
그 모습을 보고 있으면 혹시 잘못되진 않았겠지 싶어
한 번씩 확인하게 된다.
유연함 하면 한 가닥 한다고 생각했는데,
고양이 앞에선 유연함의 '유'자도 따라갈 수 없다.

대뜸 그렇게 쳐다보면

'대뜸 그렇게 쳐다보면… 어떻게 해?'
저 눈빛, 살짝 덜 정돈된 다리 모양,
귀여워서 현기증이 난다는 것이 이런 건가? 하!
쓰다듬고 싶은 마음을 참지 못하고 손을 갖다 대니 귀찮다며 물어버린다.
귀찮으면 나를 그렇게 쳐다보지 말길….

저게 뭐죠. 찹쌀떡인가요?

어?
저 하얀색은 뭐죠? 찹쌀떡인가요?
사람을 이런 식으로 낚다니.
손을 톡 건드리니 팔을 더 길게 뺀다.
한 번 더 툭툭.
마지막으로 얼굴을 내보이며
'까꿍! 재밌었어?'
참나.

고양이가 주는 무게감.
고양이가 주는 온기.

늘 아쉬운
나만의 힐링 방법.

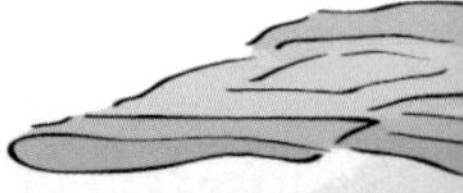

고양이 셀피

요즘 셀카가 대세라며…?
OK, LET ME TAKE A SELFIE.

82

귀여움에도 정도가 있다던데

낮잠 자나 싶어서 살금살금 다가가 봤더니,
잔뜩 웅크리고 잔다.
그래서 깨웠더니, 계속 저러고 있다.

귀여움에도 정도가 있다던데….

모야가 아픈 걸 아는지

9일간의 병원 신세를 뒤로하고 드디어 퇴원한 날!
모야는 집에 오자마자 창틀로 달려가 바람을 느낀다.
아직도 조금은 힘든 기색이다.
모야가 아픈 걸 아는지 호야도 냉큼 달려와 모야를 다독인다.

84

발끝에 선 고양이

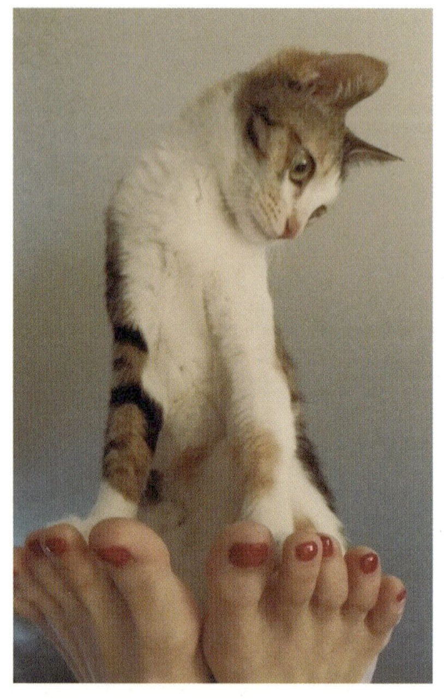

이게 어떻게 된 일이냐면,
뭔가 무료해 보이는 호야를 위해
어릴 적 아빠가 많이 태워주셨던 다리 비행기를 호야에게 시도해보았다.
별로 좋아하는 것 같지 않아 발바닥 위에 올려보니 중심도 잘 잡고
나름 재밌어 하는 것 같다. (아… 아닌가?)
살짝 기대해본다. 호야의 특별한 능력을.

그래, 그게 너야.

네가 무슨 생각을 하는지 가끔 궁금해

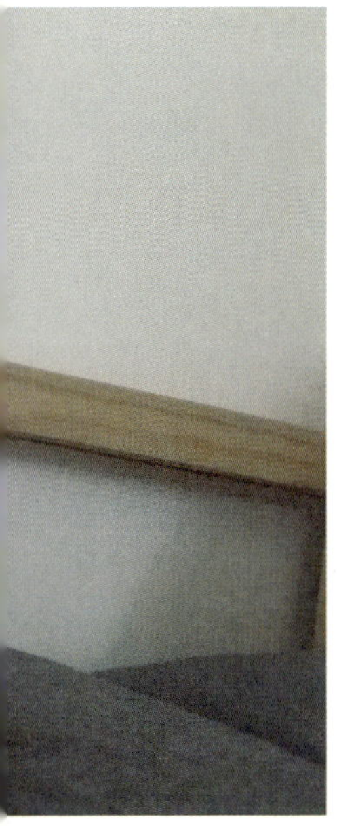

웬일인지 얌전히 있길래 카메라를 들이댔더니

갑자기 주먹을 쥔다.

'응?'

86

다이어트엔 닭가슴살

운동이 끝난 후 저녁은 닭가슴살로 단백질 채우기!
별맛도 안 나는 걸 끼적끼적 먹는데 호야가 관심을 둔다.
먹어볼래? 하고 냄새를 맡게 해줬더니 고개를 획 돌린다.
그래, 다이어트용 닭가슴살은….
너나 나의 식욕을 충족해주지 못해.

관음증 고양이

왜 훔쳐보는 거야?

가끔 나를 훔쳐보는 호야를 발견한다.

끈 사랑

언제나 끈, 줄에 반응하는 호야. 어찌나 단순한지.
200퍼센트의 열정으로 끈을 잡으려고 한다.
그 열정이 저 발끝, 발가락 사이사이에도 묻어 있다.

퇴원 후 모야

병원에만 있느라 답답했는지 집에 돌아오고 나선
계속 밖에 나가겠다고 시위한다.
현관문을 조금 열어줬더니
예전과 다르게 이곳저곳 냄새를 맡기도 하고
여기저기 둘러보기도 한다.
그러다 한참을 계단에 앉아 있기만 한다.
밖에 자주 나가보고 싶어하는 것도 괜스레 마음이 아프다.
모야가 한참 나와 있는 게 신경 쓰였는지
호야도 무슨 일인가 싶어 나와 본다.

호야의 집중력 발산

사람 입에 뭐 들어가는 꼴을 못 보는 호야.

뭐라도 먹을라치면 귀신같이 달려와 앞에 앉는다.

그리고 새삼 집중력을 발휘하며 뚫어지게 음식을 쳐다본다.

그렇게 하면 백발백중 그 음식이 뭔지 확인해볼 수 있기 때문이다.

마중

마중이란 단어가 갑자기 지나간 세상에 남겨진 단어가 되어버린 것 같다.

마중을 나가본 게 언제였더라…?

그 마음, 얼마나 애틋한 단어인가.

얼마나 보고 싶었으면 누가 오는 길에 조금 먼저 나가 기다리는지….

그래서 귀가해서는 현관문을 열고 잠시 모야와 호야를 본다.

모야는 작은 기지개로 '왔네?' 하고,

호야는 침대에서 번쩍 뛰어내려 '냐옹냐옹' 하며 문 앞에 붙는다.

마중 나와 줘서 고맙다, 고양이들.

똥

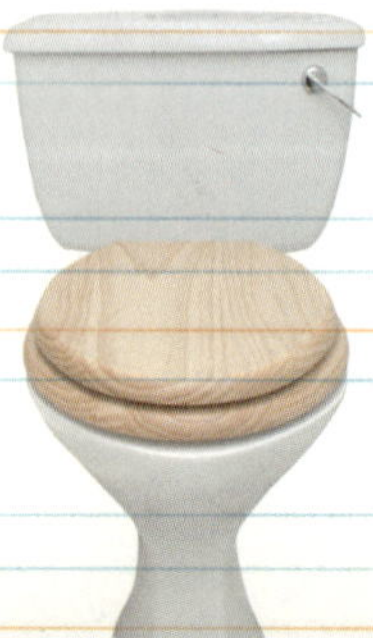

똥, 집에 오면 내가 제일 먼저 확인하는 그것!

'모야, 호야. 언니 왔다아아아~'

그래, 그래. 호야, 알았어. 가방을 내려놓고 그곳으로 간다.

음, 오늘은 많지 않군. 쓱쓱 고양이의 '그것'을 치워준다.

세상에서 제일 포근한 집에 들어와 가장 먼저 눈으로,

코로 하는 것은 모야와 호야의 변 확인. 그리고 깨끗하게 치우기.

나인뮤지스가 활동기에 들어갈 땐 스케줄과 연습이 많아

집에서 잠만 자고 나올 때가 많다.

그럴 때도 꼭 모야와 호야의 똥은 치워준다.

그렇게 하지 않으면 이 집에 사는 생명체(나를 포함)가 삶을 이어나가기가

힘들어지기 때문이다.

'피할 수 없는 고양이 똥 치우기.'

받아들이고 나니 '고양이들 화장실 청소는 나를 부지런하게 만들어준다'는

철학을 갖고 살게 되었다.

그래, 나는 조금 게으른 편이니까!

그렇지만 가끔 나를 부지런하게 만들어주는 것이 똥 치우기라고

생각하면 생각이 많아진다….

※ 고양이 화장실 청소는 주기적으로 자주 해야 한다. 며칠만 지나도
   냄새가 어마어마해지기 때문!

형제

어느 날 문득 궁금해졌다.

얘들은 나를 어떤 존재로 인식하고 있을까?

몸집이 큰 다른 생명체로 알고 있을까?

엄마라고 생각하진 않을까?

가끔 간식도 주는 능력 좋은 다른 형제라고 생각하려나?

호야와 장난치다가 문득,

모야가 내가 부르는 걸 알면서도 고개 돌릴 때 문득,

궁금해진다.

나는 '엄마 왔다, 내 새끼 내 새끼.'

이러면서 사는데….

When I sleep with cats

자는 도중 몸 어딘가가 저려온다.

편하게 두고 싶지만 그럴 수 없다.

내 몸 한구석을 지탱하며 자는 고양이들 때문이다.

모야는 보통 미용을 한 후 잠깐을 제외하고는

자기만의 공간에서 자기 때문에

모야 정도는 뭐 참아줄 수 있다.

문제는 호야다.

삭신이 쑤실 정도로 불편하지만,

그래도 조그맣게 자리 잡고 자는 걸 보면

뿌리치질 못한다.

왜 고양이 집사들은 이런 불편함을 다 감수하며 살게 됐지?

왜지?

(호야도 이젠 컸다고 내 곁에서 자는 시간이 많이 줄어들었다.)

95.

별

유성,

별.

내 마음의 말들을 밤마다 하늘로 올려보냈더니
별이 되어 쏟아진다.
사람은 가끔 어둡고
깊은 밤하늘을 상대로 자만을 해도 좋고,
욕을 퍼부어도 좋고,
사랑을 속삭여도 좋고,
펑펑 울어도 좋은 것 같다.
작게 빛나던 별이 스쳐 지나가며 말을 건넨다.
'그래, 잘 견뎌왔네.'

팬이 만들어준 호야짤

호야맘의 요가는 끝이 없다.
호야 왈
"자꾸 같은 요가를 반복한다."

97

쿨냥이

길가에서 길고양이를 만났다.
인도 끝에 서서 잠시 차의 동태를 살핀 후 유유히 길을 건넌다.
나보다 더 능숙한 것 같아서 기분이 이상하다.

너, 좀 쿨하다.
잘 가, 쿨냥이.

98

또 다른 새

호야가 창틀에서 이상한 소리를 내길래 가보았더니
처음 보는 새가 있다.
머리 부분에 털이 약간 서 있는 게 무척 귀엽다.
울음소리도 다른 새들과는 달랐다.
호야 덕분에 요즘 새를 참 많이 본다.

XCANVAS

가끔 팔을 숨기는 모습이 신기하다. 따라할 수 없다.

내 동생 승재 이야기

내 동생 승재는 어렸을 적부터 동물에 관심이 많아

내가 예고도 없이 들이는 크고 작은 동물을 집에 숨기는 일에

언제나 말없이 적극적으로 참여했다.

동생은 나보다도 더 동물을 사랑하고 소통하고 싶어하지만

어렸을 적 동물에게서 여러 번 상처를 받았다.

어렸을 적 서커스단 구경을 가서 처음 보는 원숭이를 어루만져주려다가

원숭이에게 '뺨'을 얻어맞았다. 놀란 동생은 울며불며 난리가 났고

뺨에는 원숭이의 작은 손만큼 상처가 나버렸다.

동생은 원숭이에게 뺨을 맞았다는 충격적인 상황을 이해하는 데

시간이 좀 걸렸다.

(아니, '원숭이도 뺨을 때린다'는 상황을 이해하기가 힘들었을 수도.)

한 번은 동생이 자전거를 타고 가다 평소 귀여워하던 동네 강아지와

마주쳤는데 그 강아지가 돌변하더니 발목을 물었다.

그 후로도 크고 작게 동물에게 당하는 일이 많았던 동생.

모야를 들인 후 모야에게마저 무시를 당했다.

동생을 보며 '동물과 운명적으로 저렇게 안 맞는 사람도 있구나' 싶었다.

그래서 동생은 사육사가 되겠다던 꿈을 접었다는 이야기.

제일 예쁜 고양이 호야

호야가 우리 집에 오기 전,
모야를 위해 친구를 만들어주고 싶었던 나는 이런 생각을 했다.
'이왕이면 남자아이였으면 좋겠다.'
'이왕이면 모야보다 살가운 아이가 왔으면 좋겠다.'
'이왕이면 유기묘이더라도 예쁘게 생겼으면 좋겠다.'
하지만 호야를 병원에서 마주친 후 내가 생각했던 기준과는
전혀 다른 고양이인 호야가 그냥 그렇게 우리 집에 들어오게 되었다.

호야를 보면 가끔 엄마 말씀이 생각난다.
스무 살, 처음으로 내 지갑을 백화점에서 장만하던 날.
엄마는 이것저것 재고 따지는 나를 보시며
"현아야, 이렇게 보면 이것도 예쁘고 저것도 예쁘지만
결국 네 것이 된 지갑이 제일 예쁜 거야."
결국, 나의 고양이가 되어준 호야가 제일 예쁜 거야.
이것저것 재본 뒤 산 고양이보다 입양한 우리 아이가 제일 예쁜 거야.

101

아프지 마, 제발

모야가 이틀 동안 베란다 구석에서 나오질 않았다.

처음엔 대수롭지 않게 생각했다. 워낙 베란다에서 잘 나오질 않으니까.

그런데….

'어라? 사료가 왜 이렇게 안 줄지? 분명히 모야가 점심을 먹은 후

간식을 달라고 밥그릇 옆에 앉아 있어야 정상인데?' 뭔가 이상했다!

모야를 부르고 찾아보는데 기척도 없었다. 옷이 쌓여 있는 공간

제일 밑에 웅크리고 있는 모야를 발견해 억지로 꺼내어 상태를

살펴보니 이틀 정도 평소보다 안 먹었을 뿐인데 살이 엄청 빠졌다.

워낙 통통해서 등뼈가 있는지도 잘 몰랐는데 척추뼈가 눈에 훤히

보일 정도이고 주위를 확인해보니 크고 작게 토를 해놓았다.

즉시 병원에 전화를 걸어 증상을 말했더니 하루 더 지켜본 뒤

데리고 오라고 했다.

밤새 모야의 동태를 살피고 밥을 먹는지, 물을 먹는지 체크했다.

모야를 침대 위로 데려온 다음 어디가 아픈지 잔뜩 웅크리고 있는

모야를 살살 어루만져주었다. 혹시라도 잘못될까 모야의 배에

손을 올리고 잠들었다. 제발 큰일이 아니기를. 그냥 흔한 아픔이길….

다음 날,

회사에 가기 전 병원에 들러 모야의 검사를 맡겼다. 왠지 그랬다.

'뭐 별거 아니겠지, 단지 장염이 잠깐 왔다거나 그런 거겠지.'

안 좋은 예감을 떨쳐내려고 했다.

"회사 다녀와서 데려갈게요! 잘 부탁드립니다."

출근해서 수업하는 도중에 동물병원에서 전화가 왔다.

"모야 상태가 생각보다 많이 안 좋아요. 시간 되면 와보셔야겠습니다."

은연중 불안했던 마음이 한꺼번에 터지는 듯했다.

그렇다고 진작 말을 하지….

슬픈 예감은 틀리질 않는다고.

수화기 너머로 들려오는 선생님 말씀이 잘 들리질 않았다.

"그래서… 괜찮아진다는 말씀이시죠?"라는 말만 되풀이했다.

선생님은 시원하게 답하지 않았다.

병원으로 달려가 모야의 병명을 들었다.

'급성신부전증 말기.'

※ 반려묘가 밤에 갑자기 아프거나 상태가 좋지 않다 싶으면 당황하지 말고 침착하게
　24시간 동물병원으로 데려가야 한다. 반드시 집 근처에 24시간 동물병원이 있는지
　알아봐야 한다.

102

모야 입원한 지 하루

모야가 입원한 지 하루가 지났다. 어젯밤에는 울다가 잠들었다.
얼굴 전체가 퉁퉁 부어 가관이었다. 모야가 자리 잡고 있던 자리가 너무 허전하다. 수액을 하루 동안 맞은 모야는 전날보다 조금 호전된 모습이다. 혈액검사를 더 해봐야 알겠지만 물도 마시고 수의사 선생님이 주는 밥은 처음엔 먹지 않더니 어느새 반을 먹었다고 한다.
'신부전증'이라는 처음 듣는 병명을 꼬박 찾아보고 '신부전증을 이긴 고양이'라는 카페에 가입해 이런저런 정보를 얻었다. 내가 흔들리면 나의 세계가 흔들린다. 흔들리지 않고 나를 다잡아 모야를 위해 온 정신을 쏟아야 한다. 그러기가 쉽지 않지만.

처음 보는 모야의 아픈 모습.
힘들겠지만 모야가 꼭 힘을 내길 빌어본다….

입원 3일째

모야가 입원한 지 3일째. 혈액검사를 다시 해보았다.

혈액요소질소(BUN) 수치가 줄어들어야 할 텐데….

수의사 선생님은 워낙 수치가 높아서 수액을 3일째 맞아도 떨어지는 게 눈에 보이지 않는다고 하셨다.

그나마 다행인 건 다른 수치들이 조금씩 줄었다는 것. 하지만 그것도 평균치로 돌아오려면 한참 멀었다고. 어제는 고단백질, 저나트륨 밥을 조금 먹었지만 오늘은 입에 대지도 않는단다.

신부전증 전용 사료를 먹어야 몸이 버틸 텐데. '걱정이 태산이다'라는 말이 이런 건가 싶다. 사실 나에겐 태산보다 더 태산이지만.

친구나 선생님은 급격하게 온 신부전증에 자책하지 말라고 하지만 내가 모르는 어떤 부분 때문에 모야가 급성신부전증에 걸렸다고 생각하니 고양이를 8년 키웠다 하더라도 정말 아는 게 없구나 싶다.

나는 뭘 했을까…? 모야 덕분에 책임감이 조금은 생겼다고 떵떵거리고 다녔는데, 결국 나는 책임감도 없고 아는 것도 없고 할 수 있는 것도 아무것도 없다. 앞으로 조금 더 기다려봐야 한다는 선생님 말씀을 듣는 마음이 너무 무겁다.

104

모야에게 해주고 싶은 말

모야가 퇴원해서

집에 오게 된다면

더 많이 쓰다듬어주고

더 자주 예쁘다고 말해줄 거야.

그리고 고맙다고.

내 20대를 같이 겪어줘서, 의지가 많이 되어줘서 고맙다고.

이런 말 한 번도 한 적 없는 것 같아서.

105

이것 또한 지나가리라

'목이 메어 밥 한 숟가락 넘기기 어렵다.'

그래, 그런 말이 이런 거구나….

터지지 못한 울음이 목 끝까지 차올라 물 한 모금 마시는 것도 힘들다.

시간이 지나면 잘 먹고 잘살겠지.

'이것 또한 지나가리라.'

페르시아 왕이 한 말처럼 지나가겠지만 그렇다고 해서

지금 힘든 것이 괜찮아지진 않는다.

지금은 순간순간 차오르는 슬픔 때문에

그 어떤 것도 입으로 들어가지 않는다.

어쩌다가 이렇게 됐을까….

나는 왜 또 뭔가를 견뎌야 하는 걸까….

생각이 생각에 꼬리를 물어 나를 더 힘들게 하지만 어쩔 도리가 없다.

생각보다 모야가 나에게 엄청 크게 자리 잡고 있었나 보다.

실
컷

봐

그래, 실컷 봐.

남은 기간이 얼마든

세상을 실컷 느껴봐.

아쉽지 않게 바람도 많이 느끼고

하늘을 더 오랫동안 봐도 돼.

하얗고 작은 우리 모야.

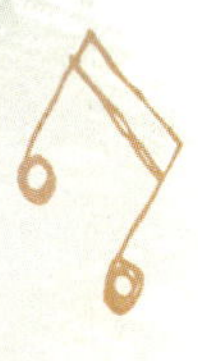
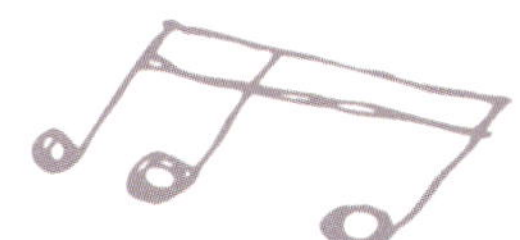
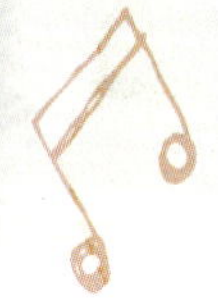

집으로
들어가는
길이
좋아
부드러운
너의
눈인사가
좋아

MUSIC
부드러운
너의

역시 엄마는

"엄마, 어떻게 해."

결국 눈물을 쏟았다. 엄마 목소리를 들으니까 참았던 눈물이 두 배가 되어 터졌다. 모야가 이렇게 갑자기 병에 걸려 수명을 다하는 시간이 빨리 올 거라고는 생각도 하지 못했다.

조금 더 남았고 조금 천천히 가고 있다고만 생각했다.

"그렇게 울고만 있으면 어떻게 해. 이럴 때일수록 네가 더 냉철하게 생각해야지. 사람도 하루아침에 죽고 사는 세상인데, 네가 정신 못 차리면 앞으로 동물 키울 자격이 없는 거야."

또 한 번 느꼈다. 엄마는 정말 강하구나. 내가 강해져야 하는 이유를 깨닫게 해주셨다.

하지만 아직도 혼자 수액을 맞으며 외롭게 있을 모야를 생각하면 나는 아직, 냉철하게 생각하기가 쉽지 않다….

모야 혈액검사 결과

많은 검사결과가 있지만 신부전증에 제일 중요한 수치는 번(BUN)과

크레아틴(CREATINE)이라고 한다.

BUN의 정상 수치는 10~30, CREATINE의 정상 수치는 0.3~2.1

1차 BUN 180 이상으로 측정, CREATINE 20 이상으로 측정

2차 BUN 180으로 측정, CREATINE 20으로 측정

3차 BUN 169로 측정, CREATINE 16.3으로 측정

4차 BUN 68로 측정, CREATINE 8.2로 측정

5차 BUN 59로 측정, CREATINE 8.0으로 측정

퇴원, 재입원.

6차 BUN 164로 측정, CREATINE 7.0으로 측정

7차 BUN 45로 측정, CREATINE 3.1로 측정

퇴원.

혈액검사 3차 이후

모야가 아프고 나서 오랜만에 숫자들과 친해져보는 것 같다.

몇 안 되는 숫자들의 변동이 내 심장을 쥐락펴락한다.

모야의 3차 혈액검사 결과는 그리 좋은 편이 아니었다.

그래도 이렇게 포기할 수는 없는 법. 한쪽 다리에 주사바늘이

많이 잡혀서 이제는 수액 맞는 주사도 다른 다리로 옮기게 되었다.

작은 모야의 앞발이 수액을 하도 맞아 퉁퉁 부어 있다.

3차 결과 후로 모야는 3일을 더 입원하였다. 선생님께서 말씀하셨다.

"저도 모야를 살리고 싶고 최선을 다해보고 싶어요.

모야를 3일만 더 맡겨주시고 병원비는 걱정 마세요."

오래 알고 지낸 수의사 선생님 덕분에 모야는 3일을 입원하고

다시 혈액검사를 했다. 생각보다 수치가 현저히 떨어져 있었다.

4차 결과로 선생님도 나도 큰 안도의 미소를 지을 수 있었다.

"감사합니다. 모야, 정말 잘 견뎌줬구나."

깊은 안도의 웃음. 그 느낌은 정말 '행복'이란 이런 거구나 싶었다.

숫자가 힘을 내든지 모야가 좀 더 힘을 내서 최대한 정상수치로

돌아가면 좋으련만….

이대로 탄력을 받아 건강을 되찾자, 모야야!

모야 퇴원

모야, 퇴원하다.

9일간 병원에서 사투를 벌이다 드디어 퇴원!

혈관주사를 뺀 후 모야를 받아 안았다.

"모야, 이제 집에 가자."

모야는 예전보다 살이 한 움큼 빠져 있었다.

등뼈가 훤히 드러나는 모야를 안고 또 한 번 울컥했다.

별일 다 있는 세상인데, 나 혼자 유난인 것처럼 느껴진다.

111

날씬해진 모야

날씬해진 모야

그만 먹어. 그만 먹어.

모야, 또 먹어?

밥 먹고 있는 모야의 뒷모습. 집에서 익숙한 장면 중 하나이다.

모든 게 너무나 당연했던 날들, 그 모습이 이토록 그리울지 몰랐다.

모야, 좀 먹어봐.

비만 고양이로 넘어갈까 노심초사하며 모야의 식습관을 걱정하곤 했는데,

이젠 상황이 달라졌다. 먹지 않으면 곧 죽는다니까….

언니가 뭐라고 하지 않을 테니까 실컷 많이 먹어, 모야.

살이 좀 빠지니 이제야 농익은 암고양이 모습이 보인다.

모야에게도 연약해 보이는 구석이 있었다니.

"모야. 이렇게 예뻤어? 응?"

더 예쁘다, 더 예뻐!

※ 신부전증을 앓는 동안 밥을 거의 먹지 못해 살이 많이 빠졌다.

모야 약 먹이기

아침에 한 번, 저녁에 한 번, 10시간에 한 번씩 총 세 번
모야에게 약을 먹인다.
모야에게 약을 먹이려면
일단 조심스럽게 다가가 목 뒤를 만져주며
"괜찮아, 한 번만 먹자, 모야~"
하며 입을 벌린 후 알약을 최대한 목 끝까지 집어넣고
입을 다물게 한 다음 모야의 코와 입을 '후' 하고
불어주면 모야가 꿀떡하고 약을 삼킨다.
그러고 나면 모야는 있는 짜증 없는 짜증 다 부린다.
가끔 하악질도 한다.
본인에게 싫어하는 짓을 했으니 싫을 만도 하지만,
내 마음을 몰라주는 것 같아 속상하기도 하다.
'예전보다 나를 더 탐탁지 않아 하면 어떻게 하지'
하면서도 모야에게 약 먹이는 일을 멈춰선 안 된다.

모야야, 나는 나대로 최선을 다할게.
너는 너대로 최선을 다하자. 서로 후회 없이 그렇게 해보자.

최대한 평소처럼

최대한 예전처럼 행동하려고 한다.

모야가 아프다고 해서

모야한테 갑자기 온갖 감정을 쓰기 싫다.

뭔가 안타까운 현실을 더 안타깝게 만드는 것 같아서….

내가 툭툭 괴롭히면 신경질 난다고 휙 돌아가버리는 모습이 좋다.

예전에는 참 야속했는데, 지금은 성질이 살아 있구나 싶어 다행이다.

최대한 평소처럼 지내고 있다. 평소처럼 내가 널 봤을 때

자는 것처럼 보이면 우리 그때 헤어지자.

우리 평소처럼 있자.

스스로 그렇게 태연해질 수 있기를 다짐해본다.

AM I LOSING U

말라 있는 모야를 보며, 힘겹게 걷는 모야를 보며,
눈에 초점이 없는 모야를 보며,
모야를 조금씩 잃어가고 있다는 생각이 든다.
이게 현실인가.

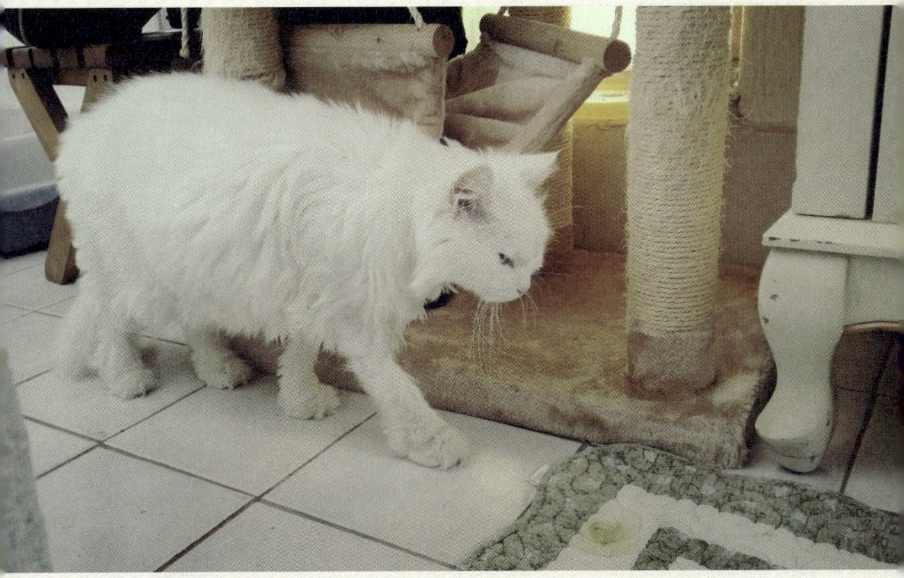

귀가할 때면

집으로 귀가하여 현관문을 열면 늘 마중 나와 있던
호야와 모야의 모습을 보기가 힘들다.
그래서 심장이 자주 '쿵' 하고 떨어진다.
나 없는 동안 혹시….
후다닥 들어가 모야가 있을 법한 곳을 찾는다.
침대 밑에서 나를 보며 힘겹게 '야옹' 하는 모야를 보며
한숨 또 내려놓는다.

휴….

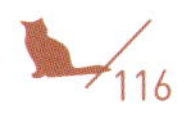

아빠의 위로

모야가 아픈 후 전라도 상남자인
우리 아빠가 술 한잔 거하게 드시고 전화하셨다.
"어이, 딸. 요새 어때? 거시기하다고 엄마가 글드만."
"뭐…. 이젠 좀 괜찮아."
"어이! 걱정 마, 내가 봤을 땐 모야 한 5년은 더 살 거여."
"응…. 그랬으면 좋겠네, 나도."
어릴 적 동물에게 관대하지 못하셨던 아빠의 한마디가
내 마음의 무거운 짐 반을 덜어냈다.

모야 여기 있어요.

여전한 까꿍놀이.

Whatever

모야가 아픈 후 처음 겪어야 하는 일에 모든 것이 두려웠다.

모야에게 약을 먹이는 것, 거부하는 사료를 어떻게든 먹여야 하는 것,

무엇보다 모야가 내 눈앞에서 영원히 자는 걸 봐야 한다는 것.

시간이 지난 지금, 여전히 그런 순간이 두렵지만 조금은 덤덤해졌다.

상황을 이해하는 데는 역시 시간이 약이다.

모야가 아프고 난 후에야 모야를 알게 된 것 같다.

사람을 별로 안 좋아하는 줄 알았는데

사람과 친해지는 시간이 필요한 것이었고,

까칠하고 성깔이 있는 줄 알았는데

과도한 애정표현을 지적한 것뿐이었고,

맨날 베란다에서 잠만 자는 줄 알았는데

창에서 부는 바람을 느낄 줄 아는 고양이었다.

이제라도 너를 알아 참 다행이다.

BGM : The Moon song -영화 Her ost

충전

모야가 몸이 조금 좋아지더니 다시 충전기를 잘근잘근 물기 시작한다.
예전에는 충전기가 망가지는 것이 짜증났지만
지금은 모야의 몸이 망가질까 봐 화가 난다.
내 관점이 조금은 달라지고 의미 있어진 듯하다.
진작 이랬으면 좋았을걸….
나는 또 다 겪고 나서 알게 된다.

모야야, 나는 나대로 최선을 다할게.
너는 너대로 최선을 다하자. 서로 후회 없이 그렇게 해보자.

모야의 하루

먹고

또 먹고

싸고

잠깐 사색에 잠겨보고

오늘은 누구에게 말을 걸어볼까 지나가는 사람도 구경하고

다시 먹는다.

Hey! 나 여기 있어.

요가매트를 펼치는 순간 고양이는 사색에 빠진다.

관심유발자

Hey, MOON.

종일 식탁에서 뭐 해?

모야까지 나서서 내 자리를 탐하고 있다.

바쁜 고양이, 수건도 건드려보고 화장실에 정찰도 가고…

호야의 수법

모야는 밥 먹을 시간 되면 꼬박꼬박 밥 달라고

말을 거는 반면에

호야는 빈 밥그릇을 요란하게 핥아댄다. 사람 마음 아프게.

누가 보면 굶기는 줄 알겠어!

필리핀 식당에서

필리핀의 한 섬에 있는 식당에서 만난 작은 고양이.

한참 밥을 먹는데 밑에서 야옹거리며 쳐다보길래

생선을 조금 주었더니

냥~ 냥~ 냥~ 소리를 내며 먹는다.

그 모습에 감동받아 턱이 빠질 만큼 입이 벌어지고 말았다.

Rabia

Epilogue

'살 수 있는 날이 얼마 남지 않았다'고 수의사 선생님에게서
신부전증 말기 진단을 받은 모야.
'이 세상이 대체 나에게 왜 그러느냐'며 하늘에 주먹질하던 모야는
지금은 건강하게 살고 있습니다.
늘 시끄러운 호야와 잘 먹고, 잘 뛰고, 잘 싸고, 잘 자며….

생후 2개월 때 나에게로 와서
나와 동반 가출을 하며 버스와 지하철을 타고 다녔던 모야.
늦가을 잠원역에 박스에 담긴 채 버려졌던 호야.
이 책을 계기로 모야와 호야가 더 많은 사람에게
조금 더 사랑받으며 자랄 수 있길 바랍니다.

언제부턴가

내 인생 계획을 쓰는 일기장 맨 마지막 줄에는

'꼭 책 쓰기'가 조심스럽게 쓰여 있었습니다.

그런데 '모야와 호야'에 관한 글을 쓰게 될 거라고는 생각지도 못했기에

글을 다 쓰고 난 지금 조금 어리둥절합니다.

책을 쓰는 동안 인간 문현아의 수도 없는 감정 변화를

묵묵히 지켜보고 참아주며 사랑으로 어루만져주신 분들.

감사하고 또 감사합니다.

언제까지나 내 곁에 있어주세요.

또한, 모든 이에게 감사의 말씀을 드립니다.

cœur
www.
bluedogyad
câm
I ♥ you

너를 보며
위안하고
배워가며
또 하루를 넘어간다.

모야!호야!
내게 와줘서 고마워

매일매일 사랑해

펴낸날	초판 1쇄 발행 2014년 11월 11일
	초판 1쇄 인쇄 2014년 11월 22일

지은이	문현아
펴낸이	최병윤
펴낸곳	알비
출판등록	2013년 7월 24일 제315-2013-000042호

주소	서울시 마포구 서교동 440-3 미주빌딩 2층
전화	070-4800-1375
팩스	02-334-7049
이메일	sbdori@naver.com
홈페이지	www.realbooks.co.kr

마케팅	이진영	**마케팅기획**	인터오리진

ⓒ 문현아

ISBN   979-11-950875-8-7 13590

값은 뒤표지에 있습니다.
잘못 만들어진 책은 구입하신 서점에서 바꾸어 드립니다.

'알비'는 '리얼북스'의 문학·에세이·대중예술 브랜드입니다.